享"食"光

110款咖啡店人气甜品

[日] 稻田多佳子 著　　唐晓艳 译

南海出版公司
2017 · 海口

前言

我如果要开店，一定要在店内摆满这样的甜点——

外表不需要多么花哨，无论是谁在家都能亲手制作、散发着温情、朴实无华的甜点。

只要咬上一口，就让人忍不住露出幸福的笑容，让人瞬间充满活力。

秉持着这一理念，我将之前出版的两本重要食谱《多佳子甜品店之简易家庭烘焙食谱》（日本主妇与生活社）和《多佳子咖啡店2之日常料理和咖啡甜点食谱》（日本主妇与生活社）中介绍的点心食谱，一并汇总到本册食谱中。

这些都是在店内出售的点心，除了可以当作每天的休闲小零食，也可以馈赠亲友、慰劳他人，也适用于参加聚会、跳蚤市场、家庭下午茶等各种场合。

无论做法多么简单，只要是“亲手制作的东西”，都会让人感受到温暖。

即使是最简单的点心，味道依旧美味无比。

希望通过这本书将手作甜品带来的幸福感，传达给亲手制作的人、品尝的人以及诸位读者。

稻田多佳子

たかこ焼菓子店
prune

第1章 多佳子烘焙店的食谱

每日烘焙点心

黄豆粉圆饼干…… 8
抹茶圆饼干…… 9
草莓圆饼干…… 9
椰子核桃饼干…… 10
玉米片巧克力饼干…… 10
酸奶蛋糕…… 11
布朗尼…… 11
费南雪…… 12
豆乳甜甜圈…… 12

司康与玛芬

原味司康…… 14
芝麻蜂蜜司康…… 15
蔓越莓白巧克力司康…… 15
核桃玛芬…… 16
咖啡欧蕾玛芬…… 17
可可黑樱桃玛芬…… 17

奶酪蛋糕

原味奶酪蛋糕…… 20
抹茶奶酪蛋糕…… 22
巧克力朗姆酒葡萄干奶酪蛋糕…… 23
覆盆子奶酪蛋糕…… 24
南瓜巧克力奶酪蛋糕…… 25

迷你蛋糕卷

草莓迷你蛋糕卷…… 28
可可黄豆粉奶油迷你蛋糕卷…… 30
甜杏棒状蛋糕卷…… 31
抹茶红豆奶油蛋糕卷…… 32
可可白巧克力奶油蛋糕卷…… 33
白色迷你蛋糕卷…… 34
红茶巧克力奶油迷你蛋糕卷…… 35

迷你戚风蛋糕

奥利奥迷你戚风蛋糕…… 38
咖啡迷你戚风蛋糕…… 40
黑糖迷你戚风蛋糕…… 41
枫糖坚果迷你戚风蛋糕…… 42
蓝莓果酱迷你戚风蛋糕…… 43

黄油蛋糕

柠檬黄油蛋糕…… 46
巧克力大理石纹黄油蛋糕…… 48
可可无花果黄油蛋糕…… 49
红茶苹果黄油蛋糕…… 50
糖渍水果蛋糕…… 51

蒸蛋糕

原味蒸蛋糕…… 54
抹茶蒸蛋糕…… 56
香蕉巧克力蒸蛋糕…… 57
可可奶酪蒸蛋糕…… 58
奶茶蒸蛋糕…… 59

挞

草莓挞…… 62
生巧克力挞…… 64
香橙挞…… 65
卡仕达酱杏仁奶油挞…… 66

专栏：让人惊喜的蛋糕

①热内亚蛋糕…… 18
②绵软的白巧克力…… 26
③香草萨瓦蛋糕…… 36
④华夫饼…… 44
⑤苹果派…… 52
⑥奶酪派…… 60
点心包装…… 81

烘焙点心盒

1 黄油蛋糕组合（蜂蜜焦糖蛋糕／糖渍水果蛋糕／曲奇饼干）…………………68
2 松软玛德琳组合（原味玛德琳／奇亚籽玛德琳／枫糖圆饼干）………………69
3 红茶组合（红茶大理石纹黄油蛋糕／可可红茶司康／葡萄干司康）…………72
4 咖啡组合（咖啡酥饼／布朗尼／核桃咖啡蛋糕）……………………………………73
5 迷你挞类组合（迷你西梅干挞／迷你坚果挞／肉桂大理石纹奶酪蛋糕）……76
6 费南雪组合（黑芝麻费南雪／紫薯费南雪／柚子茶迷你戚风蛋糕）…………77

第2章　多佳子咖啡店食谱

可打包带回的点心

1 圆饼干组合
（可可味／榛子味／奶酪味）……… 84
2 棒状奶酪蛋糕组合
（咖啡味／核桃味／红豆大理石纹）… 85
3 巧克力组合（肉桂巧克力蛋糕／巧克力玛德琳／可可费南雪）……………… 90

时令蛋糕

4月／草莓泡芙蛋糕 ………………… 95
4月／煎茶蛋糕卷 …………………… 96
5月／香蕉椰子戚风蛋糕 …………… 97
6月／红茶茅屋芝士蛋糕 …………… 98
7月／芒果生奶酪蛋糕 ……………… 99
8月／黄桃派 ………………………… 100
9月／无花果坚果焦糖黄油蛋糕 …… 101
10月／红茶洋梨蛋糕卷 …………… 102
11月／紫薯香酥挞 ………………… 103
12月／白色舒芙蕾奶酪蛋糕 ……… 104
1月／米粉蛋糕卷 ………………… 105
2月／咖啡巧克力蛋糕 …………… 106
3月／酸奶戚风蛋糕 ……………… 107

下午茶组合

1 司康组合
（全麦司康／核桃司康／葡萄干奥利奥司康）……………………………………… 110
2 戚风蛋糕组合（辣味戚风蛋糕／巧克力碎天使戚风蛋糕）…………………… 111
3 试吃甜点组合
（巧克力大理石纹舒芙蕾奶酪蛋糕／香蕉椰子戚风蛋糕／酸奶牛奶布丁）…… 112
4 蛋糕卷组合（橘子酱蛋糕卷／可可橙皮蛋糕卷）……………………………… 113
5 养生轻食玛芬组合（青豌豆奶酪玛芬／胡萝卜核桃玛芬）…………………… 114
6 黄油蛋糕组合（香蕉黄油蛋糕／咖啡朗姆酒渍葡萄干黄油蛋糕）…………… 115

杯子 & 烤碗甜点

焦糖苹果意式奶冻………………… 123
南瓜布丁…………………………… 124
生奶酪蛋糕………………………… 124
酸奶牛奶布丁……………………… 125
白巧克力草莓奶酪………………… 125
杯装提拉米苏……………………… 126
烤碗巧克力蛋糕…………………… 127
烤碗杯子蛋糕……………………… 127

本书规则

- 1大匙是15mL、1小匙是5mL。
- 鸡蛋尺寸为L码。
- 室温指的是20℃左右。
- “1小撮”指的是用拇指、食指、中指三根手指轻轻捏起的分量。
- 微波炉加热时间以600W为标准。不同型号的微波炉，略有差异。
- 本书中使用的烤箱是燃气烤箱。因热源与型号不同，烘烤时间略有差异。以食谱中介绍的烘焙时间为标准，再根据实际情况增减时间。

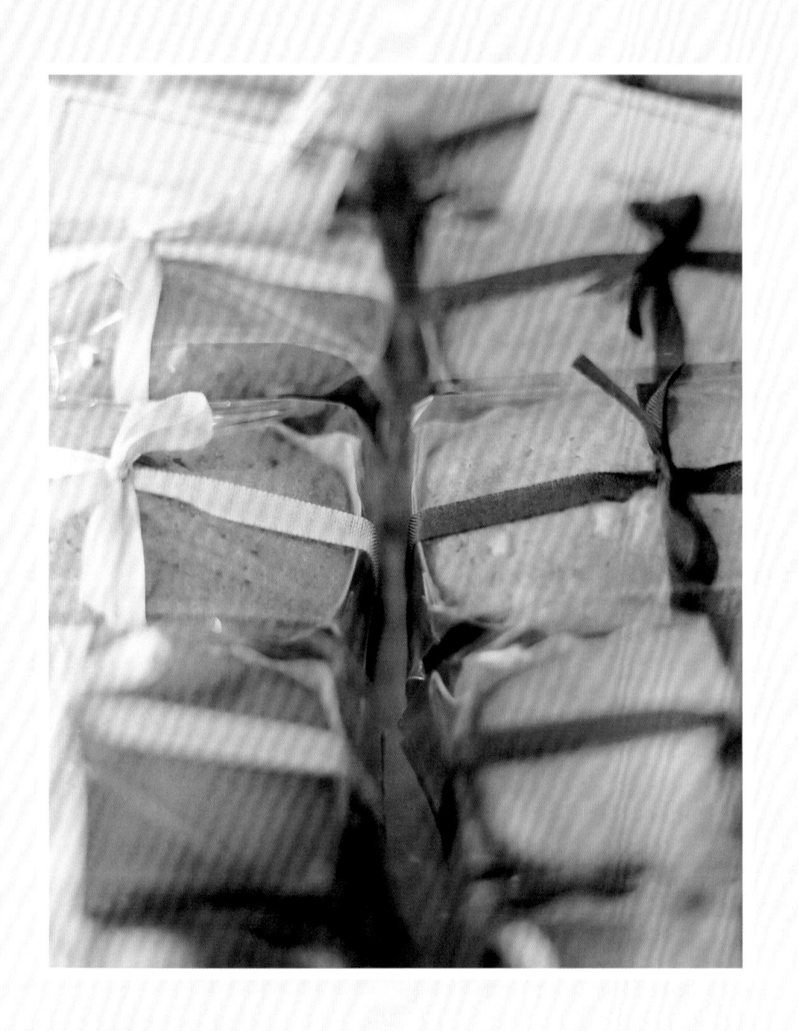

第1章

多佳子烘焙店的食谱

在自己家里，经营一家小型的幻想烘焙店，
里面摆放司康、玛芬、奶酪蛋糕、蛋糕卷、
迷你戚风蛋糕、奶油蛋糕等，都是大家喜欢的点心。
有时还会摆放装有多款点心的小点心盒。
为了让大家吃得舒心，
每一款点心都经过精心包装。

每日烘焙点心

“好想做点什么呀，嗯，开始动手吧！”来到厨房，
我会一边聊着天，一边用最简单的材料，
轻松做出味道最简单、最纯粹的点心。
忙碌的日子里，能让生活充满幸福感的，
便是这些简单易操作的点心食谱。
装满曲奇饼干的瓶瓶罐罐摆放在厨房里的光景，
切四边形蛋糕的时刻，
炸制甜甜圈时，想象着家人满足地吃着你亲手做的甜点，
静静享受这份美好吧！

黄豆粉圆饼干

用黄豆粉圆饼干替代问候语表达情谊，送给那些正努力工作的朋友。即使是在没有什么特别活动、最平凡的日子，我最喜欢将烤好的奶油小蛋糕与饼干装在同一个袋子里送给别人，再恳请对方说："尝一尝吧！"对我来说，这些交谈的话语、灿烂的笑容，能让我感受到瞬间的心灵交汇，是我精神的源泉。

口感酥脆、香气四溢的黄豆粉圆饼干，最适合搭配红豆巧克力蛋糕，组成日式点心盒馈赠他人。无论哪种点心，口感都十分细腻。烘焙点心赠予他人，并非是硬塞给他人或获取自我满足，而是心中与对方保留距离感的同时又惦念着对方，好好享受这种甜蜜的交流方式吧。

材料（直径2.5cm的约30个）

低筋面粉…………60g
杏仁粉…………30g
黄豆粉…………20g
无盐黄油…………45g
赤砂糖…………20g
盐…………1小撮

准备工作

· 将黄油切成1.5cm的小块，放在冰箱内冷藏备用。
· 烤盘铺上烘焙用纸。

做法

1 将低筋面粉、杏仁粉、黄豆粉、赤砂糖、盐放入食物处理机内搅拌3～5秒。再加入黄油，重复搅拌多次，直到所有材料搅拌成一团后即可取出。将面团整理平整后用保鲜膜包裹，放入冰箱内醒发1小时以上。
2 烤箱预热至170℃。将面团分成直径2.5cm的球形，摆放在烤盘上，放入烤箱内烘烤15分钟。

＊手工制作时……
1 将已在室温下变软的黄油放入碗内，然后用打蛋器或电动打蛋器搅打成奶油状，加入赤砂糖和盐，继续搅打至蓬松、发白的状态。
2 加入已过筛的低筋面粉、杏仁粉、黄豆粉，用硅胶铲粗略搅拌，揉成面团后，放入冰箱内冷藏。剩余步骤同做法2。

为了突出自然甜味，这次使用了赤砂糖。虽然很奢侈，但是使用和三盆糖，能烤出味道更高级的饼干。

抹茶圆饼干

淡淡的绿色、清新的茶香。如果喜欢略苦的口味，可以酌情增加抹茶粉的用量。

材料（直径2.5cm的约30个）

低筋面粉…… 65g
杏仁粉…… 45g
抹茶粉……1/2大匙
无盐黄油…… 45g
细砂糖…… 25g
盐…… 1小撮
装饰用糖粉…… 适量

准备工作

・将黄油切成1.5cm的小块，放在冰箱内冷藏备用。
・烤盘铺上烘焙用纸。

做法

1 将低筋面粉、杏仁粉、抹茶粉、细砂糖、盐放入食物处理机内搅拌3～5秒。再加入黄油，重复搅拌多次，直到所有材料搅拌成一团后即可取出。整理平整后用保鲜膜包裹，放入冰箱内醒发1小时以上。

2 烤箱预热至170℃。将面团分成直径2.5cm的球形，摆放在烤盘上，放入烤箱内烘烤15分钟。待完全冷却后，将饼干放入装有糖粉的保鲜袋内，均匀裹上糖粉。

*手工制作时……

参照p8，制作抹茶圆饼干时，用细砂糖替代了赤砂糖、抹茶粉替代了黄豆粉。制作草莓圆饼干时，用细砂糖替代了赤砂糖、脱脂奶粉和草莓粉替代了黄豆粉。

草莓圆饼干

加入少许草莓粉增添饼干的酸甜味。
裹上糖粉，饼干呈现出淡粉色，可爱至极。

材料（直径2.5cm的约30个）

低筋面粉…… 60g
杏仁粉…… 45g
脱脂奶粉…… 10g
草莓粉（冷冻干燥）…… 5g
无盐黄油…… 45g
细砂糖…… 20g
盐…… 1小撮
装饰用糖粉…… 适量

准备工作

・将黄油切成1.5cm的小块，放在冰箱内冷藏备用。
・烤盘铺上烘焙用纸。

做法

1 将低筋面粉、杏仁粉、脱脂奶粉、草莓粉、细砂糖、盐放入食物处理机内搅拌3～5秒。再加入黄油，重复搅拌多次，直到所有材料搅拌成一团后即可取出。整理平整后用保鲜膜包裹，放入冰箱内醒发1小时以上。

2 烤箱预热至170℃。将面团分成直径2.5cm的球形，摆放在烤盘上，放入烤箱内烘烤15分钟。待完全冷却后，将饼干放入装有糖粉的保鲜袋内，均匀裹上糖粉。

草莓冷冻干燥后加工成粉末，即“草莓粉”。还可以搭配鲜奶油或白巧克力使用。

椰子核桃饼干

富有热带风情的椰香搭配上酥脆的核桃，口感颇佳。
加上少许巧克力碎，更美味。

材料（直径4cm的约30个）

低筋面粉……150g
泡打粉……1/4小匙
椰子粉……50g
无盐黄油……100g
细砂糖……55g
鸡蛋……1个
盐……1小撮
核桃仁……60g

准备工作

· 将核桃仁放在160℃的烤箱内烘烤6～8分钟，待冷却后切碎。
· 将黄油与鸡蛋放置室温下回温。
· 将低筋面粉、泡打粉过筛。
· 烤盘铺上烘焙用纸。
· 烤箱预热至170℃。

做法

1 将变软的黄油、细砂糖、盐放入碗内，用打蛋器或电动打蛋器搅打至蓬松。然后再一点点加入全蛋液，充分搅拌均匀。
2 加入全部粉类和椰子粉，用硅胶铲粗略搅拌一下，待还有粉类残留时，加入核桃碎稍微搅拌。
3 用稍大的汤匙舀起面糊，均匀铺在烤盘上，然后放入170℃的烤箱内烘烤18～20分钟。

玉米片巧克力饼干

可以选用自己喜欢的玉米片口味。这里使用了“红糖味”和“香甜味”等口感香甜的玉米片。

材料（直径4cm的约30个）

低筋面粉……130g
泡打粉……1/4小匙
无盐黄油……100g
细砂糖……35g
鸡蛋……1个
盐……1小撮
玉米片……80g
巧克力碎……60g

准备工作

· 将黄油与鸡蛋放置室温下回温。
· 将玉米片放入保鲜袋内，用擀面杖捣碎。
· 将低筋面粉、泡打粉一并过筛。
· 烤盘铺上烘焙用纸。
· 烤箱预热至170℃。

做法

1 将变软的黄油、细砂糖、盐放入碗内，用打蛋器或电动打蛋器搅打至蓬松。然后再一点点加入全蛋液，充分搅拌均匀。
2 加入全部粉类，用硅胶铲粗略搅拌一下，待还有粉类残留时，加入玉米片和巧克力碎，然后稍微搅拌。
3 用稍大的汤匙舀起面糊，均匀铺在烤盘上，然后放入170℃的烤箱内烘烤18～20分钟。

酸奶蛋糕

利用杏仁粉的醇香烘焙出最简单的味道。
也可用直径 15cm 的圆形模具烘焙。

材料（15cm×15cm的方形模具1个）

- 低筋面粉……50g
- 杏仁粉……35g
- 泡打粉……1/4小匙
- 原味酸奶……50g
- 细砂糖……45g
- 鸡蛋……1个
- 色拉油……35mL
- 香草荚……1/2根
- 盐……1小撮

准备工作

· 将鸡蛋放置室温下回温。
· 将低筋面粉、杏仁粉、泡打粉混合过筛。
· 模具内铺上烘焙用纸，或者涂上一层黄油再撒上一层面粉（分量外）。
· 烤箱预热至170℃。

做法

1 将鸡蛋和细砂糖放入碗内，用电动打蛋器高速打发（提起打蛋器，如丝带般往下滴落）。
2 加入原味酸奶和香草籽（香草荚纵向剖开后刮出香草籽），粗略搅拌一下，然后筛入粉类，用硅胶铲沿着碗底充分搅拌。滴入色拉油，迅速沿着碗底充分搅拌。
3 倒入模具内，放入170℃的烤箱内烘烤25分钟左右。

布朗尼

蛋糕坯内加入味道偏苦的巧克力，
口味更适合成年人。

材料（15cm×15cm的方形模具1个）

- a
  - 烘焙用巧克力（半甜）……80g
  - 无盐黄油……40g
  - 牛奶……1大匙
- 杏仁粉……35g
- 细砂糖……35g
- 鸡蛋……1个
- 盐……1小撮
- 碧根果果仁（或核桃仁）……50g
- 烘焙用巧克力（半甜）……25g

准备工作

· 果仁放在160℃的烤箱内烘烤6～8分钟，待冷却后切碎。
· 将鸡蛋放置室温下回温。
· 将所有巧克力切碎，取出25g放入冰箱内冷藏备用。
· 模具内铺上烘焙用纸，或者涂上一层黄油再撒上一层面粉（分量外）。

做法

1 将a放入耐热碗内，用微波炉或隔水加热使其溶化。烤箱预热至160℃。
2 将鸡蛋和细砂糖放入另一只碗内，用打蛋器搅拌（无须打发），然后筛入杏仁粉，粗略搅拌一下。然后倒入1内，充分搅拌至光滑后，再加入果仁和冷藏过的巧克力碎，用硅胶铲沿着碗底充分搅拌。
3 倒入模具内，放入160℃的烤箱内烘烤25分钟左右。

费南雪

刚烘焙出炉的费南雪口感自不必多说，
待原料充分融合后，放至次日、第三日，别具一番风味。

材料（直径6cm的纸杯模具10个）

低筋面粉……………………………… 50g
杏仁粉………………………………… 50g
泡打粉………………………………… 1/4小匙
无盐黄油……………………………… 100g
细砂糖………………………………… 80g
蛋白…………………………………… 3个
蜂蜜…………………………………… 1大匙
盐……………………………………… 1小撮

准备工作

· 将低筋面粉、杏仁粉、泡打粉混合过筛。

做法

1 将黄油放入耐热容器内，用微波炉或隔水加热使其熔化，然后将容器底部浸在温水里。烤箱预热至170℃。
2 将蛋白、细砂糖、蜂蜜、盐放入碗内，用打蛋器搅打蛋白至浓稠（无须打发），然后筛入粉类，画圈式搅拌。加入1的黄油，充分搅拌至光滑。
3 倒入模具内，放入170℃的烤箱内烘烤18～20分钟。

豆乳甜甜圈

口感酥脆的球形豆乳甜甜圈。
能够尝到刚炸出锅时的美味，正是手作的魅力。

材料（直径4cm的约25个）

a
低筋面粉……………………………… 120g
泡打粉………………………………… 2/3小匙
盐……………………………………… 1小撮

赤砂糖*……………………………… 30g

b
蛋黄…………………………………… 1个
豆乳（成分有无调整皆可）………… 4大匙
芝麻油（或色拉油）………………… 2大匙
蜂蜜…………………………………… 1/2大匙

油炸用油……………………………… 适量

做法

1 将材料a筛入碗内，加入赤砂糖，用打蛋器画圈式搅拌。然后加入材料b，用硅胶铲搅拌至光滑。
2 用两个汤匙（也可用直径3cm的冰激凌勺）将面糊团成球形，放入中温（170℃）的油锅内炸至金黄。

*编者注：赤砂糖与红糖相比，赤砂糖的含水量和杂质更少，含糖量更高。

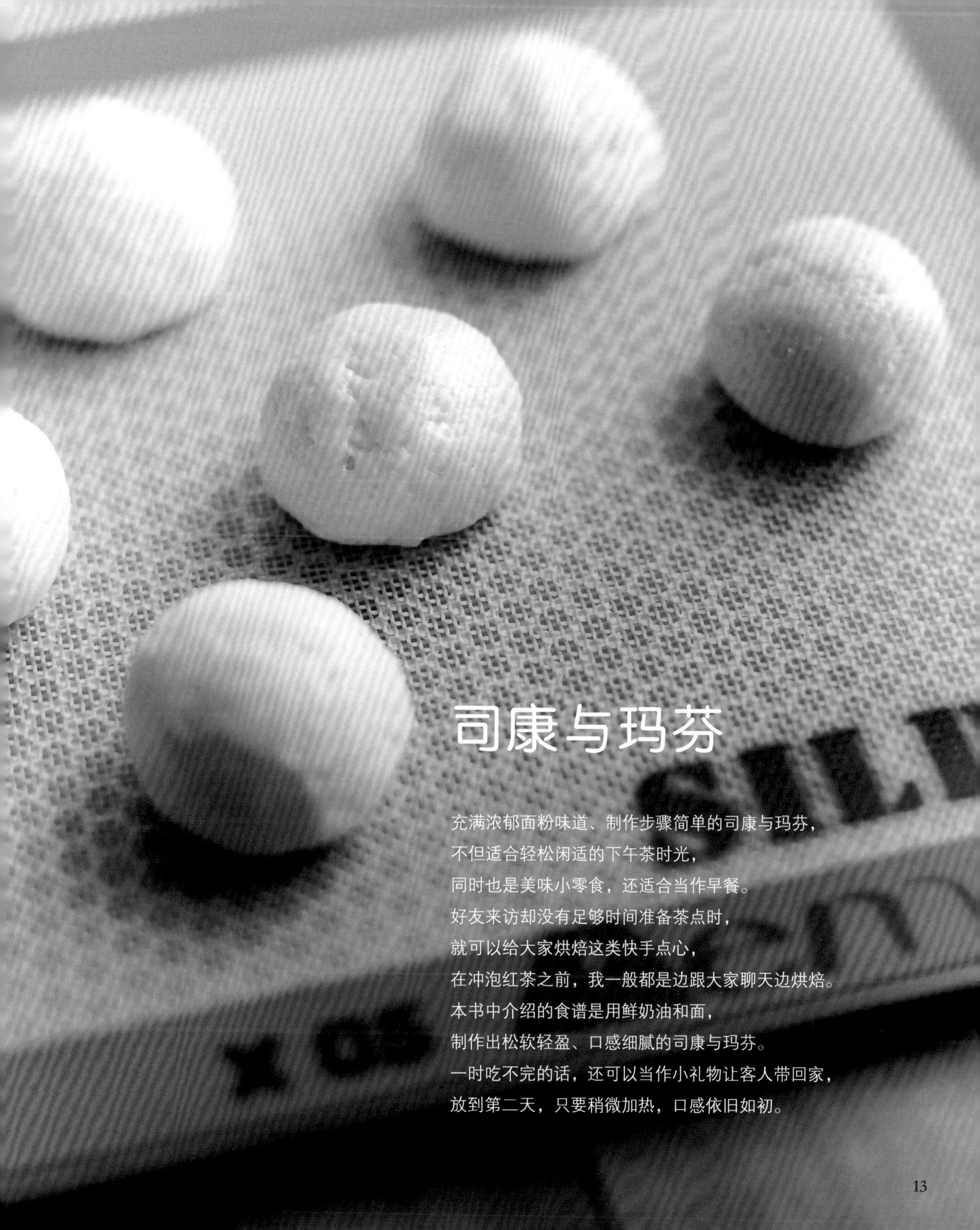

司康与玛芬

充满浓郁面粉味道、制作步骤简单的司康与玛芬，
不但适合轻松闲适的下午茶时光，
同时也是美味小零食，还适合当作早餐。
好友来访却没有足够时间准备茶点时，
就可以给大家烘焙这类快手点心，
在冲泡红茶之前，我一般都是边跟大家聊天边烘焙。
本书中介绍的食谱是用鲜奶油和面，
制作出松软轻盈、口感细腻的司康与玛芬。
一时吃不完的话，还可以当作小礼物让客人带回家，
放到第二天，只要稍微加热，口感依旧如初。

原味司康

吃司康时你最喜欢搭配什么？打发的鲜奶油配上果酱或者切成小块的新鲜水果；无盐黄油再淋上蜂蜜或枫糖浆，都是让人感受到幸福的食用方法。

将面团大致揉成手掌般大小的圆形，整齐摆放在烤盘上的样子、刚出炉的带有自然裂纹的样子，都可爱无比。从烤箱取出稍微散热后，是最佳的品尝时机。能在最美味的时刻品尝食物，也正是手作点心的乐趣所在。无论是亲朋好友围坐桌前一同品尝，还是自己独享，都要好好享受亲手制作带来的喜悦。

材料（直径6cm的8个）

a
- 低筋面粉……150g
- 泡打粉……1小匙
- 盐……1/4小匙

细砂糖……25g

b
- 蛋黄……1个
- 鲜奶油……130mL
- 蜂蜜……1/2大匙

准备工作

· 烤盘铺上烘焙用纸。
· 烤箱预热至170℃。

做法

1 将材料a筛入碗内，加入细砂糖，用打蛋器画圈式搅拌。
2 加入材料b，用硅胶铲粗略搅拌均匀。然后用硅胶铲按压成型，最后用手轻轻团成光滑的面团。
3 然后将面团8等分，团成球形后摆放在烤盘上，最后放入170℃的烤箱内烘烤20分钟左右。

芝麻蜂蜜司康

加入炒熟的白芝麻，用蜂蜜增添甜味。
也可根据个人喜好，选择黑芝麻或黄芝麻。

材料（直径6cm的8个）

a
- 低筋面粉……130g
- 泡打粉……1小匙
- 盐……1/4小匙

熟白芝麻……35g
赤砂糖……10g

b
- 蛋黄……1个
- 鲜奶油……100mL
- 蜂蜜……1大匙+1小匙

准备工作

· 烤盘铺上烘焙用纸。
· 烤箱预热至170℃。

做法

1 将材料a筛入碗内，加入熟白芝麻、赤砂糖，用打蛋器画圈式搅拌。
2 加入材料b，用硅胶铲粗略搅拌均匀。然后用硅胶铲按压成型，最后用手轻轻团成光滑的面团。
3 然后将面团8等分，团成球形后摆放在烤盘上，最后放入170℃的烤箱内烘烤20分钟左右。

蔓越莓白巧克力司康

酸甜的蔓越莓搭配香甜的白巧克力，是黄油蛋糕常用的配方，也可用来制作司康。

材料（直径6cm的8个）

a
- 低筋面粉……150g
- 泡打粉……1小匙
- 盐……1/4小匙

细砂糖……20g

b
- 蛋黄……1个
- 鲜奶油……100mL
- 原味酸奶……2大匙

蔓越莓干……50g
白巧克力碎……35g

加入酸甜可口、颜色鲜艳的蔓越莓干，再搭配上香甜的白巧克力碎。可根据个人喜好增添用量。

准备工作

· 烤盘铺上烘焙用纸。
· 烤箱预热至170℃。

做法

1 将材料a筛入碗内，加入细砂糖，用打蛋器画圈式搅拌。
2 加入材料b，用硅胶铲粗略搅拌，待还有干面粉残留时，加入蔓越莓干和白巧克力碎，继续粗略搅拌。然后用硅胶铲按压成型，最后用手轻轻团成光滑的面团。
3 然后将面团8等分，分别团成球形后摆放在烤盘上，最后放入170℃的烤箱内烘烤20分钟左右。

核桃玛芬

我喜欢用一些与众不同的点心原料制作玛芬。我一直觉得玛芬就是要做得小巧一些，所以我把用简单的“玛芬模具”快速制作而成的点心都叫作玛芬。最近人们对玛芬的制作方法有了更多的创新，还出现了使用杏仁粉与鲜奶油制作玛芬的食谱。

下面将介绍以鲜奶油与酸奶为配料制作而成的玛芬，即使放到第二天依旧松软可口。无须拘泥于某些细节，近年来烘焙范畴更加宽泛，烘焙思维也变得更加灵活。甚至连年龄增长也不觉得是件坏事（笑）。

材料（直径7cm的玛芬模具6个）

低筋面粉……90g
杏仁粉……30g
泡打粉……1小匙
细砂糖……60g
鸡蛋……1个
鲜奶油……100mL
原味酸奶……2大匙
盐……1小撮
核桃仁……60g

准备工作

· 核桃仁放在160℃的烤箱内烘烤6～8分钟，待冷却后切碎。
· 将鸡蛋放置室温下回温。
· 将低筋面粉、杏仁粉、泡打粉一并过筛。
· 将纸质杯子放在模具上。
· 烤箱预热至170℃。

做法

1 将鸡蛋、细砂糖、盐放入碗内，用打蛋器搅拌均匀（无须打发）。加入鲜奶油和酸奶，充分搅拌。
2 筛入粉类，用硅胶铲粗略搅拌一下，待还有干面粉残留时，加入核桃碎，再迅速搅拌均匀。
3 倒入模具内，放入170℃的烤箱内烘烤25分钟左右（用竹扦插入正中央，如果没有粘上面糊，即为烤熟）。脱模后冷却。

烘烤核桃仁虽然有些麻烦，但是做出来的蛋糕却香气四溢。如果嫌麻烦，可以直接使用生核桃仁。

咖啡欧蕾玛芬

像加了足量牛奶的咖啡，味道醇香浓郁。
速溶咖啡的用量可根据个人喜好增减。

材料（直径7cm的玛芬模具6个）

低筋面粉……90g
杏仁粉……30g
泡打粉……1小匙
细砂糖……60g
鸡蛋……1个
鲜奶油……100mL
原味酸奶……2大匙
速溶咖啡粉……1½大匙
盐……1小撮

准备工作

· 将鸡蛋放置室温下回温。
· 将低筋面粉、杏仁粉、泡打粉一并过筛。
· 将纸质杯子放在模具上。
· 烤箱预热至170℃。

做法

1 将鸡蛋、细砂糖、盐放入碗内，用打蛋器充分搅拌（无须打发），然后加入鲜奶油、酸奶、速溶咖啡粉，充分搅拌均匀。
2 筛入粉类，用硅胶铲粗略搅拌。
3 倒入模具内，放入170℃的烤箱内烘烤25分钟左右。

可可黑樱桃玛芬

加入口感微苦的可可粉，是我个人较为满意的搭配。
可以再加入朗姆酒浸葡萄干，也可以不加，直接烘焙。

材料（直径7cm的玛芬模具6个）

低筋面粉……70g
杏仁粉……30g
可可粉……20g
泡打粉……1小匙
细砂糖……60g
鸡蛋……1个
鲜奶油……100mL
原味酸奶……2大匙
盐……1小撮
黑樱桃（罐头）……18颗

S&W黑樱桃具有颗粒大、甜度适中的特点，是烘焙的常备原料，还可以用于烘焙黄油蛋糕、奶酪蛋糕等。

准备工作

· 将鸡蛋放置室温下回温。
· 用厨房用纸蘸干黑樱桃上的汁液。
· 将低筋面粉、杏仁粉、泡打粉一并过筛。
· 将纸质杯子放在模具上。
· 烤箱预热至170℃。

做法

1 将鸡蛋、细砂糖、盐放入碗内，用打蛋器充分搅拌（无须打发），然后加入鲜奶油、酸奶，充分搅拌均匀。
2 筛入粉类，用硅胶铲粗略搅拌。
3 将面糊倒入模具一半高度时，加入三颗黑樱桃，然后再倒入面糊，最后放入170℃的烤箱内烘烤25分钟左右。

让人惊喜的蛋糕①

热内亚蛋糕

这款蛋糕外形朴实、味道浓郁。刚烤出炉的蛋糕散发着杏仁粉独特的香气，口感细腻绵软，是一款让人有成就感的蛋糕。被众人所喜爱的点心一定就是用这类蛋糕坯制作而成的，我总是抱着愉快的心情烘焙点心赠予他人。

如果蛋糕糊有剩余，可以倒入玛芬模具内烘烤。送人的话，可以用纸质模具；自家人吃的话，可以用磅蛋糕模、直径15cm～16cm的圆形模具或方形模具。用一个模具烘烤时，放在160℃的烤箱内烘烤约40分钟即可。看着烤箱内的蛋糕坯变成金黄色，期待着美味的诞生，是一件很有成就感的事情。

材料（直径7cm的玛芬模具6个）

杏仁粉……………………… 80g
低筋面粉…………………… 25g
泡打粉…………………… 1/3小匙
无盐黄油…………………… 60g
细砂糖……………………… 80g
鸡蛋………………………… 2个
朗姆酒……………………… 1大匙
盐…………………………… 1小撮

准备工作

· 将鸡蛋放置室温下回温。
· 将低筋面粉、杏仁粉、泡打粉一并过筛。

做法

1 将黄油放入耐热容器内，用微波炉或隔水加热使其熔化，容器底部浸在温水里。烤箱预热至160℃。
2 将鸡蛋和细砂糖放入另一只碗内，用电动打蛋器高速打发（提起打蛋器，液体呈丝带状滴落）。然后将电动打蛋器调至低速，搅拌成细腻爽滑状。然后筛入杏仁粉，继续用电动打蛋器低速搅拌均匀。
3 将粉类和黄油分2～3次加入2，然后用硅胶铲沿着碗底充分搅拌。加入朗姆酒，整体充分搅拌均匀。
4 将面糊倒入模具内，最后放进160℃的烤箱内烘烤25分钟左右。

奶酪蛋糕

不论什么季节，随时都能享用的美味点心，就是奶酪蛋糕。
只须把材料混合，搅拌成光滑的面糊后烘烤即可，
无论是谁都可以轻松制作。
对于制作者与品尝者来说，
奶酪蛋糕是一款亲切、温和的点心。
为了品尝到最美味的奶酪蛋糕，
需要将烤好的蛋糕放置一段时间。
将蛋糕放在冰箱内冷藏一夜，让味道充分融合，
再慢慢品尝吧。

原味奶酪蛋糕

很早以前，我就梦想能成为一个会制作美味点心的妈妈。烘烤点心时，醉人的甜蜜香气不仅弥漫在厨房里，还会飘到家门外。用点心甜甜的香味和笑容一起迎接放学回家的孩子。假如有人这样问孩子："你妈妈最擅长做什么？""奶酪蛋糕！"假如他毫不犹豫地回答，会让我欣喜不已。还是二十多岁的我，在做蛋糕时，脑海里就总会浮现出这样的画面。

这个梦想虽然没能实现，但是现在身边有很多爱吃我做的点心的人。他们吃我做的美味点心时露出的灿烂笑容，一直支撑着我坚持制作点心。把这本书拿在手上、未曾谋面的各位读者，也给了我强大的动力。这样想来，我已足够幸福。为了表示心中的感谢，下面我为大家介绍几款可以长久使用的蛋糕食谱。

材料（直径15cm的活底圆形蛋糕模1个）

奶油奶酪……………………………………………………… 200g
鲜奶油……………………………………………………… 100mL
酸奶油……………………………………………………… 80g
细砂糖……………………………………………………… 70g
鸡蛋…………………………………………………………1½个
低筋面粉……………………………………………………2½大匙
柠檬汁……………………………………………………… 1小匙
香草荚……………………………………………………… 1根
盐…………………………………………………………… 1小撮
粗粮饼干………………………………………约7片（65g）
无盐黄油…………………………………………………… 30g

准备工作

· 将奶油奶酪、酸奶油、鸡蛋放置室温下回温。
· 模具内铺上烘焙用纸。

做法

1 将粗粮饼干放入保鲜袋内，用擀面杖敲打成颗粒状。然后将用微波炉熔化好的黄油倒入饼干碎内，搅拌均匀后，倒入模具内，用勺子按压均匀。最后，放入冰箱内冷藏。烤箱预热至160℃。

2 将变软的奶油奶酪、酸奶油、细砂糖和盐放入碗内，用打蛋器搅打。然后依次加入鲜奶油、鸡蛋、低筋面粉（筛入）、柠檬汁和香草籽（香草荚纵向剖开刮出香草籽），每加入一种材料，都需要搅拌均匀（也可以用食物搅拌器搅拌）。

3 将面糊过筛到模具内，放入160℃的烤箱内烘烤50分钟（用竹扦插入蛋糕中央，如果没有粘上黏稠的面糊即可出炉）。稍微冷却后，连同模具一同放入冰箱冷藏室内充分冷却。放置一天后味道充分融合，口感更佳。因此，建议食用前一天制作。

同一食谱的奶酪蛋糕，只要稍微改变烘烤方式，会变得更加湿润，口感也会发生变化。将面糊倒入小型铝制蛋糕模具内，然后摆放在烤盘上，注入与烤盘等高的热水蒸烤。用160℃的烤箱烘烤35分钟。如果容器有盖子，非常适合当作礼物赠予他人。

将香草荚纵向剖开，用刀将香草籽刮下来备用。如果没有香草荚，可以用香草精替代。

抹茶奶酪蛋糕

制作奶酪蛋糕时，我都会用手提式搅拌器或食物搅拌机制作面糊。也许会有人说："既然都亲手做了，又用机器替代岂不是很无趣吗？"因为在日常生活中并不是每次都能有充足的时间制作点心，而且有时因为身体不适无法制作步骤繁琐的点心，但又不得不去做些小点心。

这时无须花费太多时间、制作步骤简单的点心食谱就会帮到我，其中最具代表性的就是奶酪蛋糕。将材料依次放入较大的容器内，然后用手提式搅拌器一口气搅拌均匀，三下五除二就能轻松烤出香气四溢的蛋糕。我要向这些科技产品说声："谢谢！"

材料（直径15cm的活底圆形蛋糕模1个）

奶油奶酪……200g
鲜奶油……120mL
点心专用白巧克力……75g
细砂糖……35g
鸡蛋……1个
低筋面粉……1大匙
抹茶粉……1大匙
盐……1小撮
粗粮饼干……约7片（65g）
无盐黄油……30g

准备工作

· 将奶油奶酪、鸡蛋放置室温下回温。
· 将白巧克力切碎，然后用微波炉或隔水加热将其熔化。
· 模具内铺上烘焙用纸。

做法

1 将粗粮饼干放入保鲜袋内，用擀面杖敲打成颗粒状。然后将用微波炉熔化好的黄油倒入饼干碎内，搅拌均匀后，倒入模具内，用勺子按压均匀。最后，放入冰箱内冷藏。烤箱预热至160℃。
2 将变软的奶油奶酪、细砂糖、盐放入碗内，用打蛋器搅打。然后依次加入熔化的白巧克力、鲜奶油、鸡蛋、低筋面粉和抹茶粉（筛入），每加入一种材料，都需要搅拌均匀（也可以用食物搅拌器搅拌）。
3 将面糊过筛到模具内，放入160℃的烤箱内烘烤50分钟。稍微冷却后，连同模具一并放入冰箱冷藏室内充分冷却。

将烤好的圆形奶酪蛋糕分切送人时，我常常会用长方形的盒子。将奶酪蛋糕一块一块摆放在尺寸合适的蜡纸或铝制蛋糕杯内，再交错放入盒子内。

巧克力朗姆酒葡萄干奶酪蛋糕

散发出浓郁巧克力香气的蛋糕坯与朗姆酒浸葡萄干相结合，倒入玛芬模具内烘烤。烘烤出炉后，在正中央凹陷的地方挤上打发的鲜奶油，最后再放上朗姆酒浸葡萄干与香草装饰。

15年前我开始用玛芬模具烤制奶酪蛋糕。那时候刚好有个机会需要大量制作多款点心，而且对方希望能有奶酪蛋糕。整个奶酪蛋糕切开后不方便分发，当时还未想到将蛋糕制作成现在流行的棒状，最后决定尝试使用玛芬模具，没想到深受好评。从那以后，用玛芬模具烤制奶酪蛋糕变成了我的一种习惯。

材料（直径7cm的玛芬模具6个）

奶油奶酪…… 120g
鲜奶油…… 80mL
酸奶油…… 50g
点心专用巧克力（半甜）…… 50g
细砂糖…… 50g
鸡蛋…… 1个
低筋面粉…… 1½大匙
盐…… 1小撮
朗姆酒浸葡萄干…… 适量

准备工作

· 将奶油奶酪、酸奶油、鸡蛋放置室温下回温。
· 将巧克力切碎，然后用微波炉或隔水加热将其熔化。
· 模具内铺上烘焙用纸。
· 烤箱预热至160℃。

做法

1 将变软的奶油奶酪、酸奶油、细砂糖、盐放入碗内，用打蛋器搅打。然后依次加入熔化的巧克力、鲜奶油、鸡蛋、低筋面粉（筛入），每加入一种材料，都需要搅拌均匀（也可以用食物搅拌器搅拌），将面糊过筛。

2 将适量朗姆酒浸葡萄干分别放入模具内，倒入面糊。放入160℃的烤箱内烘烤30分钟。冷却后脱模。最后放入冰箱冷藏室内充分冷却。

*可根据个人喜好装饰上蓬松的打发奶油、朗姆酒浸葡萄干、柠檬香蜂草。

覆盆子奶酪蛋糕

覆盆子的酸味与浅粉色的蛋糕坯构成了这款外形可爱的奶酪蛋糕。这里用的是性价比高、使用方便的冷冻覆盆子。用冷冻覆盆子做成的点心大多都是冷点，例如生奶酪蛋糕、白巧克力慕斯、冰沙等。还可以做成淋在香草意式鲜奶酪、冰激凌上的酱汁。还有一个最简单的做法，就是将冷冻覆盆子与酸奶、牛奶、蜂蜜一起倒入大杯子里，再用搅拌器搅打成奶昔，就成了一款炎炎夏日或沐浴后最佳的消暑甜品。

材料（直径7cm的玛芬模具6个）

奶油奶酪……160g
鲜奶油……120mL
冷冻覆盆子……60g
细砂糖……60g
鸡蛋……1个
低筋面粉……3大匙
盐……1小撮

准备工作

· 将奶油奶酪、鸡蛋放置室温下回温。
· 模具内铺上烘焙用纸。

做法

1 将冷冻覆盆子放入耐热容器内，覆上保鲜膜，放入微波炉内（600W）加热2分钟。沥干水分后做成稍稀的果酱。烤箱预热至160℃。

2 将变软的奶油奶酪、细砂糖、盐放入碗内，用打蛋器搅打。然后依次加入鲜奶油、鸡蛋、低筋面粉（筛入），每加入一种材料，都需要搅拌均匀（也可以用食物搅拌器搅拌）。面糊过筛，加入步骤1的覆盆子，搅拌均匀。

3 将面糊倒入模具内，放入160℃的烤箱内烘烤30分钟。稍微冷却后，脱模，最后放入冰箱冷藏室内充分冷却。

覆盆子需要事先做成果酱状再混入面团内，因此不需要用到形状漂亮的完整果粒，选用价位更低的碎果肉就可以。

材料（直径7cm的玛芬模具6个）

南瓜……………………………… 约1/8个（净重120g）
奶油奶酪…………………………………………… 120g
鲜奶油……………………………………………… 80mL
细砂糖……………………………………………… 45g
鸡蛋………………………………………………… 1个
低筋面粉…………………………………………… 2大匙
盐…………………………………………………… 1小撮
巧克力……………………………………………… 30g

准备工作

· 将奶油奶酪、鸡蛋放置室温下回温。
· 巧克力切碎，放入冰箱内冷藏。
· 模具内铺上烘焙用纸。

做法

1 将南瓜去皮、去籽，切成小块。用微波炉或蒸锅蒸软，然后用叉子碾碎。烤箱预热至160℃。
2 将变软的奶油奶酪、细砂糖、盐放入碗内，用打蛋器搅打。然后依次加入步骤1的南瓜、鲜奶油、鸡蛋、低筋面粉（筛入），每加入一种材料，都需要搅拌均匀（也可以用食物搅拌器搅拌）。面糊过筛后，加入巧克力碎，搅拌均匀。
3 将面糊倒入模具内，放入160℃的烤箱内烘烤30分钟。稍微冷却后，脱模，最后放入冰箱冷藏室内充分冷却。

南瓜巧克力奶酪蛋糕

手工制作的点心往往保质期较短，要趁点心最美味的时候享用。如果一次烘烤的数量较多，可以分送给朋友或邻居，还可以寄回老家送给家人。

但是，有时因为时间太紧张，根本没时间分送给亲朋好友，而且亲朋好友又没有时间亲自过来取，这时就会很尴尬。所以像奶酪蛋糕或蛋糕卷这些无法放在低温下长时间保存的点心，我一般都会把它们直接放在冰箱内冷冻。虽然口味会变差，但是一个人喝茶的时候，或者在家和熟悉的朋友一起享用时，味道也还不错。

用新鲜的南瓜做最好吃，也可以使用冷冻南瓜，更为方便。

添加的巧克力碎无须使用点心专用巧克力。只要是容易买到的、自己喜欢的巧克力片就可以。

让人惊喜的蛋糕②

绵软的白巧克力

之前，我在《日常烘焙点心与特殊日子的蛋糕》（日本主妇与生活社）这本书中介绍过一款叫作“口感绵软的巧克力”的巧克力点心。将蓬松的蛋糕面糊利用隔水蒸烤的方式烤制，制作蛋糕时想象着某个人吃到嘴里后会对我说：“真好吃，我喜欢这个味道！”

今天介绍的这款点心就是将材料换成了白巧克力制作而成的。做好后将点心放入冰箱内充分冷藏，享用前先拿出来，当蛋糕稍微变软时，就是最佳品尝时机。这款白巧克力的口味应该能过关了吧？真想让他再尝一尝。

材料（8cm×8cm的烤碗8个）

- 点心专用白巧克力……65g
- 无盐黄油……35g
- 鲜奶油……4大匙
- 细砂糖……30g
- 蛋黄、蛋清……各2个
- 低筋面粉……1大匙多
- 玉米粉……1大匙多
- 橘味利口酒（柑曼怡）……1大匙
- 盐……1小撮

准备工作

- 将黄油放置室温下回温。
- 白巧克力切碎。
- 模具内涂上一层薄薄的黄油（分量外），也可不涂。
- 烤箱预热至150℃。

做法

1. 将白巧克力、黄油放入碗内，再一次性加入已经加热至快沸腾的鲜奶油，用打蛋器搅打至溶化。然后依次加入蛋黄（1个）、利口酒、低筋面粉和玉米粉（筛入），每加入一种材料都需要搅拌均匀。
2. 另取一只碗放入蛋清，然后分多次少量加入盐、细砂糖，用电动打蛋器打发成稍稀的蛋白霜（六七分打发）。将少量蛋白霜舀入1内，画圈式搅拌均匀后，再分两次加入剩余的蛋白霜，用硅胶铲搅拌均匀。
3. 倒入模具内，摆放在烤盘上，放入烤箱内，然后注入与烤盘同高的热水（小心烫伤）。烤箱150℃蒸烤30分钟（烘烤中如果水干了，需补足）。冷却后，连同模具一并放入冰箱冷藏室内充分冷却。

迷你蛋糕卷

迄今为止，我到底烤过多少个蛋糕卷呢?
如果从第一个算起的话，
到现在应该会是一个相当可观的数字。
含有大量空气、打发至呈奶油状的蛋液与砂糖，
如同细雪般从粉筛散落的低筋面粉，
蛋液与面粉慢慢混合的样子。
在制作点心的过程中，
这些美妙的场景总是萦绕在心间，
今后我还会不断制作这类点心。

草莓迷你蛋糕卷

一提到蛋糕，我脑海里立刻浮现出草莓蛋糕卷：松软的蛋黄海绵蛋糕搭配上细腻爽滑的奶油、酸甜可口的草莓，大爱这一搭配。站在蛋糕橱窗前挑选蛋糕时，无论是初次光顾的店，还是常去的店，我首先会选一款草莓蛋糕卷，这是自打儿时就保留的习惯。

圆圆的草莓蛋糕卷凝聚了蛋糕最好吃的三大特色。这款蛋糕像极了自家烘焙的朴素蛋糕，看上去平淡无奇，也是蛋糕中的基础款，但对于我来说，却有着别样的意义。制作蛋糕时，让人心生怜爱之情的鲜红色草莓，不但可爱，还为蛋糕增色不少。尝试将咖啡、红茶换成气泡酒，体验一番成熟滋味的下午茶时光吧。

材料（24cm×24cm烤盘1个）*

海绵蛋糕坯

- 低筋面粉…… 35g
- 细砂糖…… 45g
- 黄油…… 20g
- 鸡蛋…… 2个
- 蛋黄…… 1个

奶油

- 鲜奶油……80mL
- 细砂糖…… 1小匙
- 利口酒（此食谱使用桃子味）……1/2小匙

草莓……约1/3盒

*使用30cm×30cm烤盘制作时，材料为1.5倍，烘烤时间相同。

24cm×24cm的正方形迷你蛋糕卷烤盘。自从入手这款烤盘后，原本常用的30cm×30cm、28cm×28cm烤盘出场次数明显减少。

准备工作

- 将鸡蛋、蛋黄放置室温下回温。
- 低筋面粉过筛。
- 烤盘铺上烘焙用纸（或半透明纸）。
- 烤箱预热至180℃。

做法

1 制作海绵蛋糕坯。将鸡蛋、蛋黄、细砂糖放入碗内，碗底浸在热水里，用电动打蛋器高速搅打。待温度与人体体温接近时，从热水中取出，继续打发至泛白且浓稠的状态（提起打蛋器，如丝带般滴落）。将电动打蛋器调至低速，继续搅打至顺滑状。

2 筛入低筋面粉。用硅胶铲沿着碗底搅拌至蓬松、有光泽的状态。将用微波炉加热至熔化的黄油（温热状）倒入面糊内，迅速搅拌。

3 将面糊倒入烤盘内，抹平。然后放入180℃的烤箱内烘烤10分钟。将蛋糕从烤盘上取下来，连同烘焙用纸一并冷却（待稍微冷却后，铺上保鲜膜）。

4 将奶油材料全部放入碗内，打发至蓬松状（七八分打发）。取下海绵蛋糕上的烘焙用纸，将烤出颜色的一面放在纸上，将蛋糕末端斜切平整，便于卷成型。将打发好的奶油涂抹在蛋糕上，撒上草莓丁。沿着靠近自己的一侧开始卷，卷成蛋糕卷，然后用保鲜膜包裹放入冰箱内冷藏1小时以上，固定形状。

将迷你蛋糕卷包裹成糖果状，便于携带，而且不易变形，非常适合送人。也可以将整条蛋糕卷切成小段后再包装起来，这样收到的人打开包装便可直接食用。

可可黄豆粉奶油迷你蛋糕卷

采用日式西式合璧的方式探索食材的搭配，让人兴趣盎然、跃跃欲试。各种奇思妙想不仅体现在点心、饭菜制作上，还适用于餐桌装饰、平时的衣着搭配等方面。

最近我比较感兴趣的就是餐桌装饰时桌布与餐具的挑选。例如，黑色的托盘上摆放着白色的西式餐具、蓝色印染餐垫、玻璃碗。餐具是筷子和汤匙，用玻璃杯装水或茶。看上去好像很正式，但是饭菜依旧盛在大盘子里，自行夹取，这样就比较轻松惬意了。而且把做好的煮菜，连锅一并端到桌上。饭后，来一份可可黄豆粉奶油迷你蛋糕卷、一杯意式浓缩咖啡，一定会是一个气氛高涨的畅谈之夜。

材料（24cm×24cm烤盘1个）*

海绵蛋糕坯

- 低筋面粉……20g
- 可可粉……15g
- 细砂糖……45g
- 鸡蛋……2个
- 鲜奶油……2大匙

黄豆粉奶油

- 鲜奶油……80mL
- 黄豆粉……1大匙
- 细砂糖……1/2大匙
- 咖啡利口酒（根据个人喜好选择口味）……1小匙

*使用30cm×30cm烤盘制作时，材料为1.5倍，烘烤时间相同。

准备工作

· 将鸡蛋放置室温下回温。
· 低筋面粉和可可粉一并过筛。
· 烤盘铺上烘焙用纸（或半透明纸）。
· 烤箱预热至180℃。

做法

1 制作海绵蛋糕坯。将鸡蛋、细砂糖放入碗内，碗底浸在热水里，用电动打蛋器高速搅打。待温度与人体体温接近时，从热水中取出，继续打发至泛白且浓稠的状态（提起打蛋器，如丝带般滴落）。将电动打蛋器调至低速，继续搅打至顺滑状。

2 筛入低筋面粉和可可粉。用硅胶铲沿着碗底搅拌至蓬松、有光泽的状态。将用微波炉加热的鲜奶油倒入面糊内，迅速搅拌。

3 将面糊倒入烤盘内，抹平。然后放入180℃的烤箱内烘烤10分钟。将蛋糕从烤盘上取下来，连同烘焙用纸一并冷却（待稍微冷却后，铺上保鲜膜）。

4 将黄豆粉、细砂糖放入碗内，然后分多次加入鲜奶油和利口酒，打发至蓬松状（七八分打发）。取下海绵蛋糕上的烘焙用纸，将烤出颜色的一面放在纸上，将蛋糕末端斜切平整，便于卷成型。将打发好的奶油涂抹在蛋糕上，然后沿着靠近自己的一侧开始卷，卷成蛋糕卷后用保鲜膜包裹放入冰箱内冷藏1小时以上，固定形状。

材料（24cm×24cm烤盘1个）*

海绵蛋糕坯

- 低筋面粉…………30g
- 细砂糖…………45g
- 鸡蛋…………2个
- 鲜奶油…………2大匙

奶油

- 鲜奶油…………50mL
- 蜂蜜…………1小匙
- 利口酒（此食谱使用橘子味）…………1/2小匙

甜杏罐头…………半颗果肉3块

*使用30cm×30cm烤盘制作时，材料为1.5倍，烘烤时间相同。

准备工作

· 将鸡蛋放置室温下回温。

· 低筋面粉过筛。

· 烤盘铺上烘焙用纸（或半透明纸）。

· 烤箱预热至180℃。

做法

1 制作海绵蛋糕坯。将鸡蛋、细砂糖放入碗内，碗底浸在热水里，用电动打蛋器高速搅打。待温度与人体体温接近时，从热水中取出，继续打发至泛白且浓稠的状态（提起打蛋器，如丝带般滴落）。将电动打蛋器调至低速，继续搅打至顺滑状。

2 筛入低筋面粉。用硅胶铲沿着碗底搅拌至蓬松、有光泽的状态。将用微波炉加热的鲜奶油倒入面糊内，迅速搅拌。

3 将面糊倒入烤盘内，抹平。然后放入180℃的烤箱内烘烤10分钟。将蛋糕从烤盘上取下来，连同烘焙用纸一并冷却（待稍微冷却后，铺上保鲜膜）。

4 将甜杏切成小丁，用厨房用纸吸干水分。将制作奶油的材料全部放入碗内，打发至蓬松状（七八分打发）。然后加入甜杏丁，立即搅拌。取下海绵蛋糕上的烘焙用纸，将烤出颜色的一面放在纸上，用刀对切成两半，然后将两块蛋糕末端斜切平整，便于卷成型。将打发好的奶油涂抹在蛋糕上，然后沿着靠近自己的一侧开始卷，卷成蛋糕卷后用保鲜膜包裹好放入冰箱内冷藏1小时以上，固定形状。

甜杏棒状蛋糕卷

将整张海绵蛋糕一分为二，分别抹上奶油后，卷成细长的棒状蛋糕卷。为了便于食用，可以将蛋糕卷切短一些，独立包装好后，再系上细绳。这样就做好了可在户外大口享用的可爱点心蛋糕卷了。

开车外出兜风时，将保冷剂与蛋糕一起放入保温盒内。待大家吃完便当后，拿出蛋糕卷，对大家说："我还做了甜点哦！"想必大家会非常开心。我现在就好想带上一壶热咖啡出去玩。那么，我该约谁一起呢？

将烤好的蛋糕用刀切成2等份，末端一侧斜切。从靠近自己的一侧开始卷，卷成两根细长的蛋糕卷。

抹茶红豆奶油蛋糕卷

无论是日式点心还是西式点心，抹茶+红豆馅可谓是最佳搭配。这一搭配最保险，味道绝不会变差，所以一定要尝试做一做。夏天可以搭配一杯水或冰水的冷泡煎茶，我去年就常搭配冷泡的玄米茶，味道非常和谐。冬天可以搭配一杯温热的煎茶或用热水冲泡的浓郁的焙茶。吃完日本料理后，再来上一块甜点，真是再开心不过了。

今晚的甜点是抹茶红豆奶油蛋糕卷，那么将晚餐做成与之搭配的菜品，也是一件有趣的事情。主菜是清淡的芜菁蒸白肉鱼，配菜是清水煮壬生菜油炸豆腐，小菜是芝麻凉拌藕片，汤是山药大葱味噌汤，怎么样，不错吧！

抹茶粉容易结成疙瘩，在与低筋面粉过筛之前，最好先用滤茶器过一遍筛。这样能更好地融合。

材料（24cm×24cm烤盘1个）

海绵蛋糕坯

- 低筋面粉……30g
- 抹茶粉……1大匙
- 细砂糖……45g
- 蛋黄、蛋清……各2个
- 鲜奶油……3大匙
- 盐……1小撮

红豆奶油

- 鲜奶油……50mL
- 红豆馅……50g

*使用30cm×30cm烤盘制作时，材料为1.5倍，烘烤时间相同。

准备工作

· 低筋面粉与抹茶粉一并过筛。

· 烤盘铺上烘焙用纸（或半透明纸）。

· 烤箱预热至180℃。

做法

1 制作海绵蛋糕坯。将蛋清放入碗内，分多次少量加入盐和细砂糖，然后用电动打蛋器搅打，制作成有光泽的、浓稠的蛋白霜。分两次加入蛋黄，搅拌均匀。

2 筛入低筋面粉和抹茶粉。用硅胶铲沿着碗底搅拌至蓬松、有光泽的状态。将用微波炉加热的鲜奶油倒入面糊内，迅速搅拌。

3 将面糊倒入烤盘内，抹平。然后放入180℃的烤箱内烘烤10分钟。将蛋糕从烤盘上取下来，连同烘焙用纸一并冷却（待稍微冷却后，铺上保鲜膜）。

4 将红豆馅放入碗内，然后分多次加入鲜奶油，打发至蓬松状（七八分打发）。取下海绵蛋糕上的烘焙用纸，将烤出颜色的一面放在纸上，将蛋糕末端斜切平整，便于卷成型。将打发好的奶油涂抹在蛋糕上，然后沿着靠近自己的一侧开始卷，卷成蛋糕卷后用保鲜膜包裹放入冰箱内冷藏1小时以上，固定形状。

材料（24cm×24cm烤盘1个）

海绵蛋糕坯

- 可可粉…… 15g
- 细砂糖…… 40g
- 蛋黄、蛋清…… 各2个
- 盐…… 1小撮

白巧克力奶油

- 鲜奶油…… 70mL
- 点心专用白巧克力…… 10g
- 利口酒（此食谱使用橘子味）…… 1/2小匙

*使用30cm×30cm烤盘制作时，材料为1.5倍，烘烤时间相同。

准备工作

- 可可粉过筛。
- 烤盘铺上烘焙用纸（或半透明纸）。
- 烤箱预热至180℃。

做法

1 制作海绵蛋糕坯。将蛋清放入碗内，分多次少量加入盐和细砂糖，然后用电动打蛋器搅打，制作成有光泽的、浓稠的蛋白霜。分两次加入蛋黄，搅拌均匀。

2 筛入可可粉。用硅胶铲沿着碗底迅速搅拌均匀。

3 将面糊倒入烤盘内，抹平。然后放入180℃的烤箱内烘烤10分钟。将蛋糕从烤盘上取下来，连同烘焙用纸一并冷却（待稍微冷却后，铺上保鲜膜）。

4 将白巧克力切碎，用微波炉或隔水加热至熔化。将熔化的巧克力倒入碗内，然后分多次加入鲜奶油和利口酒，打发至蓬松状（七八分打发）。取下海绵蛋糕上的烘焙用纸，将烤出颜色的一面放在纸上，用刀将蛋糕对切成两半，分别将两块蛋糕末端斜切平整，便于卷成型。将打发好的奶油涂抹在蛋糕上，然后沿着靠近自己的一侧开始卷，卷成蛋糕卷后用保鲜膜包裹放入冰箱内冷藏1小时以上，固定形状。

可可白巧克力奶油蛋糕卷

我是山崎面包店制作的“小圆”的“铁粉”，“小圆”是搭配各种奶油的海绵蛋糕。包装纸上印着长耳兔图案，蛋糕长约 25cm。我要小声告诉你们：“我可以自己一口气轻松吃下整个蛋糕卷！”

“小圆”有两种基本口味：鸡蛋海绵蛋糕搭配原味奶油、可可海绵蛋糕搭配巧克力奶油。有时还会推出各种口味的期间限定或地区限定款。我最喜欢巧克力海绵蛋糕搭配原味奶油的“小圆”。但是这个口味的总是买不到。那好，我就自己动手做一款多佳子牌的“小圆”吧！

比利时嘉利宝巧克力公司生产的点心专用白巧克力，奶香浓郁、口感细腻。小药片状节省了切碎巧克力的时间，易于熔化。

白色迷你蛋糕卷

用打发至细腻浓稠的蛋白霜做成海绵蛋糕，再搭配上白色的奶油，就诞生了雪白的迷你蛋糕卷。轻轻刮去海绵蛋糕烤出颜色的部分，然后涂上奶油，再卷起来。蛋糕坯与奶油浑然一体，几乎没有分界线。如果想用咖啡色的旋涡作为装饰，那就保留海绵蛋糕烤出的金黄色的部分。

一直犹豫不决，不知道该选择用鲜奶油做的原味奶油，还是加入白巧克力的奶油，亦或是加入酸奶的略带酸味的奶油，于是今天就选择了用味道浓郁的马斯卡彭奶酪制作而成的奶油。

香甜浓郁、细腻爽滑的马斯卡彭奶酪。与鳕鱼子混合就成了一款简单的蘸料，可以用饼干或面包蘸食。

材料（24cm×24cm烤盘1个）

海绵蛋糕坯

- 低筋面粉……30g
- 细砂糖……40g
- 蛋清……3个
- 鲜奶油……1大匙+1小匙
- 盐……1小撮

奶酪奶油

- 马斯卡彭奶酪……30g
- 细砂糖……1/2小匙
- 鲜奶油……4大匙
- 利口酒（此食谱使用橘子味）……1/2小匙

*使用30cm×30cm烤盘制作时，材料为1.5倍，烘烤时间相同。

准备工作

· 低筋面粉过筛。
· 烤盘铺上烘焙用纸（或半透明纸）。
· 烤箱预热至170℃。

做法

1 制作海绵蛋糕坯。将蛋清放入碗内，分多次少量加入盐和细砂糖，然后用电动打蛋器搅打，制作成有光泽的、浓稠的蛋白霜。

2 筛入低筋面粉。用硅胶铲沿着碗底搅拌成蓬松、有光泽的状态。将用微波炉加热的鲜奶油倒入面糊内，迅速搅拌。

3 将面糊倒入烤盘内，抹平。然后放入170℃的烤箱内烘烤10分钟。将蛋糕从烤盘上取下来，连同烘焙用纸一并冷却（待稍微冷却后，铺上保鲜膜）。

4 将马斯卡彭奶酪、细砂糖放入碗内，用打蛋器搅拌均匀，然后分多次加入鲜奶油和利口酒，打发至蓬松状（七八分打发）。取下海绵蛋糕上的烘焙用纸，将烤出颜色的一面放在纸上，将蛋糕末端斜切平整，便于卷成型。将打发好的奶油涂抹在蛋糕上，然后沿着靠近自己的一侧开始卷，卷成蛋糕卷后用保鲜膜包裹放入冰箱内冷藏1小时以上，固定形状。

红茶巧克力奶油迷你蛋糕卷

红茶与白巧克力搭配制作而成的点心往往口感细腻、高雅，除了做成蛋糕卷，我还常常将其做成戚风蛋糕、司康、奶油蛋糕、曲奇饼干等。

最近几年刚刚出现用红茶与黑巧克力搭配制作的点心，如今我已经完全爱上了它。加了大吉岭红茶的巧克力蛋糕、添加了仕女伯爵红茶的巧克力黄油蛋糕、乌瓦红茶奶酪蛋糕浇上微苦的巧克力酱呈现出大理石纹路，亦或是在原味戚风蛋糕糊内撒上伯爵茶茶叶和巧克力碎，只要你能想到的搭配，都可以动手一试。

材料（24cm×24cm烤盘1个）

海绵蛋糕坯

- 低筋面粉……30g
- 细砂糖……45g
- 蛋清、蛋黄……各2个
- 盐……1小撮

- 红茶叶……4g（茶包2袋）
- 鲜奶油……3大匙

巧克力奶油

- 鲜奶油……80mL
- 点心专用巧克力（半甜）……15g
- 牛奶……1/2大匙

*使用30cm×30cm烤盘制作时，材料为1.5倍，烘烤时间相同。

准备工作

· 将红茶叶切碎（茶包的话可直接使用），与鲜奶油混合均匀。

· 低筋面粉过筛。

· 烤盘铺上烘焙用纸（或半透明纸）。

· 烤箱预热至180℃。

做法

1 制作海绵蛋糕坯。将蛋清放入碗内，分多次少量加入盐和细砂糖，然后用电动打蛋器搅打，制作成有光泽的、浓稠的蛋白霜。一个一个加入蛋黄，搅拌均匀。

2 筛入低筋面粉。用硅胶铲沿着碗底搅拌至蓬松、有光泽的状态。将用微波炉加热的红茶鲜奶油倒入面糊内，迅速搅拌。

3 将面糊倒入烤盘内，抹平。然后放入180℃的烤箱内烘烤10分钟。将蛋糕从烤盘上取下来，连同烘焙用纸一并冷却（待稍微冷却后，铺上保鲜膜）。

4 将巧克力切碎，与牛奶一起用微波炉或隔水加热至溶化，然后倒入碗内，分多次一点点加入鲜奶油，打发至蓬松状（七八分打发）。取下海绵蛋糕上的烘焙用纸，将烤出颜色的一面放在纸上，将蛋糕末端斜切平整，便于卷成型。将打发好的奶油涂抹在蛋糕上，然后沿着靠近自己的一侧开始卷，卷成蛋糕卷后用保鲜膜包裹放入冰箱内冷藏1小时以上，固定形状。

让人惊喜的蛋糕③

香草萨瓦蛋糕

香草萨瓦蛋糕是一款口感松软又略带几分酥脆，质地细腻的蛋糕。这是法国萨瓦地区自古流传的一款传统甜点，原本的配方中并没有黄油或其他油类，不过本次介绍的食谱中添加了鲜奶油，使烘烤出的蛋糕口味更加浓郁、绵软。这是一款口味单纯、朴实的蛋糕。

烤好的蛋糕撒上一层薄薄的糖粉，可以直接切成小块后与大家一同享用，还可以搭配上打发的鲜奶油或果酱。再配上一杯温热的咖啡欧蕾或奶茶，尽情享用吧。

材料（直径18cm的圆形模具1个）

a
- 玉米粉……50g
- 杏仁粉……20g
- 低筋面粉……10g
- 泡打粉……1/3小匙

- 糖粉……80g
- 蛋黄、蛋清……各2个
- 鲜奶油……50mL
- 香草荚……1根
- 盐……1小撮

准备工作

- 鲜奶油打发至黏稠（六分打发），放入冰箱内冷藏。
- 将a过筛。
- 模具内涂上一层黄油（分量外），撒上一层面粉（分量外）。
- 烤箱预热至160℃。

做法

1. 将蛋黄、1/3量的糖粉放入碗内，用打蛋器或电动打蛋器搅打至泛白、蓬松的状态。加入香草籽（将香草荚纵剖两半，刮出香草籽），搅拌均匀。
2. 另取一个碗放入蛋清，再多次少量加入盐和剩余的糖粉，用电动打蛋器搅打成有光泽、浓稠的蛋白霜。然后依次加入1、a、打发的鲜奶油，每加入一样材料都需要用硅胶铲沿着碗底迅速、仔细地搅拌均匀。
3. 将面糊倒入模具内，抹平。放入160℃的烤箱内烘烤30分钟。烤好后脱模，冷却。

迷你戚风蛋糕

沐浴在阳光下晒干的纯棉衬衫，
不会扎皮肤的柔软克什米尔山羊绒披肩，
无比亲肤的真丝睡衣。
如同这些穿在身上，给人带来舒爽体验的材质一般，
柔软的戚风蛋糕口感顺滑，也给人带来满满的幸福感。
下面介绍的食谱，可以用直径17cm的戚风模具烤成一个大蛋糕，
但本书中使用了直径10cm的铝制迷你戚风模具，
以及纸杯装的纸质模具。
虽然烤成了小蛋糕，
但是戚风蛋糕的口感依旧保留完好。

奥利奥迷你戚风蛋糕

把平时搭配咖啡、牛奶直接食用的美味奥利奥饼干当作制作蛋糕的原料，也非常有创意。除了可以将奥利奥饼干稍微捣碎混入蛋糕糊内，也可以碾碎后撒在奶酪蛋糕上，还可以用迷你奥利奥饼干当作装饰材料。我有时会想：“既然要用纯黑的苦味饼干，为什么不自己用可可粉制作呢？”之所以选择市售的饼干，是因为可以随时买得到，非常节省时间，所以无法割舍。

用迷你戚风蛋糕模和小纸杯烤制出来的戚风蛋糕，刚出炉时非常迷人，不禁让人心生怜爱。往模具内倒面糊时，如果觉得直接倒入或者用硅胶铲辅助倒入不方便的话，不妨借助汤匙和裱花袋一试。

材料（直径10cm的戚风模具4个）

低筋面粉…………………………………………………… 65g
泡打粉…………………………………………………… 1/4小匙
细砂糖…………………………………………………… 65g
蛋黄、蛋清……………………………………………… 各3个
牛奶……………………………………………………… 50mL
色拉油…………………………………………………… 40mL
盐………………………………………………………… 1小撮
奥利奥饼干（除去奶油）………………… 4～5组（30g）

*直径17cm戚风模具1个，160℃烘烤时间约30分钟。

准备工作

· 将奥利奥饼干放入保鲜袋内，用擀面杖捣碎。
· 低筋面粉和泡打粉一并过筛。
· 烤箱预热至160℃。

做法

1 将蛋黄、1/3量的细砂糖放入碗内，用打蛋器搅拌均匀，然后依次加入牛奶（多次少量加入）、色拉油（多次少量加入）、粉类，每加入一次材料都需充分搅拌均匀。加入捣碎的奥利奥饼干，粗略搅拌一下。

2 另取一只碗放入蛋清，一点点加入盐和剩余的细砂糖，用电动打蛋器打发成富有光泽、浓稠的蛋白霜。舀出一勺放入1内，用画圈的方式搅拌均匀，然后再加入一半剩下的蛋白霜，用硅胶铲沿着碗底轻轻搅拌。搅拌均匀后将其倒入盛有蛋白霜的碗内，继续沿着碗底翻拌至看不到白色为止。

3 将蛋糕糊倒入模具内，轻轻晃动模具让蛋糕糊更加均匀。然后放入160℃的烤箱内烘烤20～25分钟（用竹扦插入正中央，如果没有粘上黏稠的面糊，即可出炉）。将模具倒扣，冷却。脱模时，用小刀沿着模具侧面与蛋糕之间划一圈，拆下模具和筒身部分。模具底部与蛋糕之间也需要用刀划一圈再脱模。

小巧精致的直径10cm的铝制戚风模具。倒蛋糕糊和清洗都很费事，但是看到烘烤好的蛋糕，这点儿辛苦就不在话下了。食谱是4个玛芬模具的分量，也是1个直径17cm戚风模具的分量。

纳贝斯克公司生产的奥利奥饼干。一般都会把中间的奶油夹心去掉后使用，总是想要是有单卖的饼干就好了。

用迷你纸杯模（参照p41）烘烤而成的戚风蛋糕，这样摆盘如何？将蛋糕切成高度相同的3块，夹上蓬松的奶油，蛋糕顶部装饰上奶油和奥利奥饼干。

咖啡迷你戚风蛋糕

厨房里常年备有胶囊咖啡、过滤式咖啡、速溶咖啡和蒲公英咖啡。几年前发现可以直接冲泡速溶咖啡的“雀巢全自动咖啡机”非常好玩，就购置了一台。即使是速溶咖啡，只要一按按钮，就可以立即冲泡出一杯，非常方便。而且还能打奶泡，虽然泡沫不够细腻，但是也能体验到卡布奇诺咖啡的氛围。

家里咖啡种类繁多，喜欢喝咖啡的朋友来家里玩时总会犹豫“要喝哪一种呢？”，如今我家的咖啡时间更加丰富了。咖啡味的戚风蛋糕已经烤好了，S小姐、M小姐，赶紧来家里聚聚吧！

材料（直径10cm的戚风模具4个）

低筋面粉……………………………… 70g
泡打粉……………………………… 1/4小匙
细砂糖……………………………… 65g
蛋黄、蛋清……………………………… 各3个
速溶咖啡粉……………………………… 2大匙
牛奶……………………………… 50mL
色拉油……………………………… 40mL
盐……………………………… 1小撮

*直径17cm的戚风模具1个，160℃烘烤时间约30分钟。

准备工作

· 用牛奶将咖啡粉溶化。
· 低筋面粉和泡打粉一并过筛。
· 烤箱预热至160℃。

做法

1 将蛋黄、1/3量的细砂糖放入碗内，用打蛋器搅拌均匀，然后依次加入混合好的咖啡和牛奶（多次少量加入）、色拉油（多次少量加入）、粉类，每加入一次材料都需充分搅拌均匀。

2 另取一只碗放入蛋清，一点点加入盐和剩余的细砂糖，用电动打蛋器打发成富有光泽、浓稠的蛋白霜。舀出一勺放入1内，用画圈的方式搅拌均匀，然后再加入一半剩下的蛋白霜，用硅胶铲沿着碗底轻轻搅拌。搅拌均匀后将其倒入盛有蛋白霜的碗内，继续沿着碗底翻拌至看不到白色为止。

3 将蛋糕糊倒入模具内，轻轻晃动模具让蛋糕糊更加均匀。然后放入160℃的烤箱内烘烤20～25分钟（用竹扦插入正中央，如果没有粘上黏稠的面糊，即可出炉）。将模具倒扣至完全冷却（脱模方法请参照p39）。

香气浓郁、味道醇厚的“雀巢总统咖啡”。我非常喜欢用作烘焙原料或直接冲泡饮用。

黑糖迷你戚风蛋糕

黑糖含有丰富的维生素和矿物质，风味独特、甜度适中。这款戚风蛋糕用纸杯烤制而成，可以品尝到黑糖的纯正味道。我在很早以前就喜欢用纸杯烤制戚风蛋糕，如果不使用烘焙专用的纸杯模，而用普通纸杯放入高温烤箱内烘焙的话，总觉得不完美，所以烘焙热情并不高。直到遇见这款材质薄、外形理想的纸杯模，基本每次烤戚风蛋糕送人时都会用到。大小正好一人份，纸也很好撕扯，可以一边撕一边吃，非常方便，所以颇受好评。

材料（直径7cm×7cm的纸杯7个）

低筋面粉……70g
泡打粉……1/4小匙
黑砂糖……65g
蛋黄、蛋清……各3个
牛奶……50mL
色拉油……40mL
盐……1小撮

*直径17cm的戚风模具1个，160℃烘烤时间约30分钟。

准备工作

· 低筋面粉和泡打粉一并过筛。
· 烤箱预热至160℃。

做法

1 将蛋黄、1/3量的黑砂糖放入碗内，用打蛋器搅拌均匀，然后依次加入牛奶（多次少量加入）、色拉油（多次少量加入）、粉类，每加入一次材料都需充分搅拌均匀。

2 另取一只碗，放入蛋清、盐，一点点加入剩余的黑糖粉，用电动打蛋器打发成富有光泽、浓稠的蛋白霜。舀出一勺放入1内，用画圈的方式搅拌均匀，然后再加入一半剩下的蛋白霜，用硅胶铲沿着碗底轻轻搅拌。搅拌均匀后将其倒入盛有蛋白霜的碗内，继续沿着碗底翻拌至看不到白色为止。

3 将蛋糕糊倒入模具内，放入160℃的烤箱内烘烤18～20分钟。无须倒扣，直接连同纸杯一同冷却。

烤迷你款戚风蛋糕时，我常用图示的这款迷你纸杯模。一共有大、中、小三个尺寸，图中这款直径7cm，是最大的尺寸。如果买不到同款纸杯模，也可以使用普通纸杯。

枫糖坚果迷你戚风蛋糕

枫糖浆与坚果搭配，营养更全面的戚风蛋糕。可以使用核桃、杏仁、碧根果、榛果等各类坚果，可根据个人喜好选择。今天介绍的这款蛋糕使用的是夏威夷果，虽然这种坚果的颜色淡到跟戚风蛋糕糊差不多，乍一看并不起眼，但尝上一口，夏威夷果的酥脆会给人些许惊喜。如果没有枫糖浆，也可以用赤砂糖，或一半红糖与一半细砂糖搭配使用。虽然风味会有些许不同，但是都能够做出与坚果相搭配的口感自然、回味无穷的蛋糕。

材料（直径7cm×7cm的纸杯7个）

低筋面粉……65g
泡打粉……1/4小匙
枫糖……65g
蛋黄、蛋清……各3个
牛奶……50mL
色拉油……40mL
盐……1小撮
夏威夷果……50g

*直径17cm的戚风模具1个，160℃烘烤时间约30分钟。

准备工作

· 夏威夷果放入160℃的烤箱内烘烤6～8分钟，冷却后切碎。
· 低筋面粉和泡打粉一并过筛。
· 烤箱预热至160℃。

做法

1 将蛋黄、1/3量的枫糖放入碗内，用打蛋器搅拌均匀，然后依次加入牛奶（多次少量加入）、色拉油（多次少量加入）、粉类、夏威夷果碎，每加入一次材料都需充分搅拌均匀。

2 另取一只碗，放入蛋清、盐，一点点加入剩余的枫糖，用电动打蛋器打发成富有光泽、浓稠的蛋白霜。舀出一勺放入1内，用画圈的方式搅拌均匀，然后再加入一半剩下的蛋白霜，用硅胶铲沿着碗底轻轻搅拌。搅拌均匀后将其倒入盛有蛋白霜的碗内，继续沿着碗底翻拌至看不到白色为止。

3 将蛋糕糊倒入模具内，放入160℃的烤箱内烘烤18～20分钟。无须倒扣，直接连同纸杯一同冷却。

口感清脆、散发着淡淡香甜味道的夏威夷果与风味醇厚的H.T.EMICOTT枫糖糖浆非常搭。

蓝莓果酱迷你戚风蛋糕

一般冰箱里会常备各种果酱，当没有新鲜水果时，可以混合到原味酸奶内在早餐时食用，也可以用于制作各类蛋糕。果酱的使用频率很高，比如可以加在玛芬蛋糕或蒸蛋糕里、放在饼干上、或是制作成大理石纹的蛋糕。

家里来客人忙着张罗饭菜，没时间做甜点时，我会把买来的原味饼干浸泡在牛奶里，再搭配上不加糖打发的鲜奶油，淋上果酱，一层一层码放在杯子里或密封容器内，做成英式查佛。做法确实很简单，冷藏后饼干的口感更加滋润，再加上鲜奶油和果酱的味道，是一款很受欢迎的快手甜点。

材料（直径10cm的戚风模具4个）

低筋面粉……………………………………………… 70g
泡打粉…………………………………………… 1/4小匙
细砂糖……………………………………………… 35g
蛋黄、蛋清……………………………………… 各3个
色拉油…………………………………………… 40mL
柠檬汁…………………………………………… 1小匙
盐………………………………………………… 1小撮
蓝莓果酱…………………………………………… 90g

*直径17cm的戚风模具1个，160℃烘烤时间约30分钟。

准备工作

· 低筋面粉和泡打粉一并过筛。
· 烤箱预热至160℃。

做法

1 将蛋黄放入碗内，用打蛋器充分打散，然后依次加入蓝莓果酱和柠檬汁、色拉油（多次少量加入）、粉类，每加入一次材料都需充分搅拌均匀。

2 另取一只碗，放入蛋清，一点点加入盐和剩余的细砂糖，用电动打蛋器打发成富有光泽、浓稠的蛋白霜。舀出一勺放入1内，用画圈的方式搅拌均匀，然后再加入一半剩下的蛋白霜，用硅胶铲沿着碗底轻轻搅拌。搅拌均匀后将其倒入盛有蛋白霜的碗内，继续沿着碗底翻拌至看不到白色为止。

3 将蛋糕糊倒入模具内，轻轻晃动模具让蛋糕糊更加均匀。然后放入160℃的烤箱内烘烤20～25分钟。将模具倒扣，冷却（脱模方法请参照p39）。

使用不同品牌的蓝莓果酱，烘烤出来的蛋糕在色泽与口感上都会有差异，可以多选几款果酱试试，体验这些细微差异带给你的惊喜。

华夫饼

很想给它命名为曲奇华夫饼，因为这款华夫饼口感酥脆，很像曲奇饼干或司康。刚出炉的华夫饼口感最好，我一般都是边烤边吃，剩下的可以淋上一层糖霜，最大限度地保持良好口感。

这个食谱既快速又简单，如果用食物搅拌器制作面糊会更快速。放入粉类，大致搅拌几下，再倒入液体类材料，大致搅拌成面团即可。一台华夫饼机一次只能烤两片华夫饼，效率有点慢，但是一边喝茶一边烤，难得悠然自在哦。

材料（直径6cm的华夫饼10个）

a
- 低筋面粉……150g
- 泡打粉……2/3小匙
- 盐……1/4小匙

细砂糖……25g

b
- 蛋黄……1个
- 鲜奶油……80mL
- 熔化的无盐黄油……30g
- 蜂蜜……1/2大匙

枫糖糖霜
- 糖粉……30g
- 枫糖浆……4小匙

牛奶糖霜
- 糖粉……30g
- 牛奶……1小匙

Vitantonio公司生产的华夫饼机需要提前充分预热。将面团揉成小球，放在机器内烤成金黄色即可。

做法

1. 将a（一并过筛）放入碗内，加入细砂糖，用打蛋器画圈式搅拌均匀。然后加入b，用硅胶铲搅拌，待融合后，用硅胶铲一边按压一边搅拌成团，然后再用手轻轻团成一团。

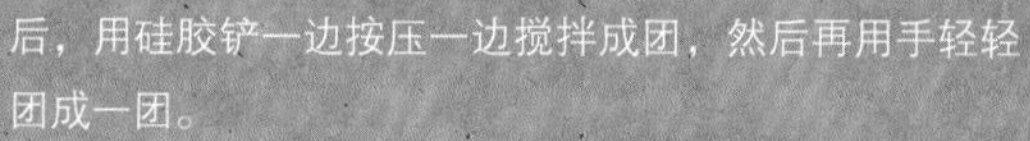

2. 将面团分成10等份，放到已经预热的华夫饼机器内，烤制成两面金黄。
3. 将糖霜材料分别放在小型容器内，用勺子搅拌成浓稠的酱汁。待华夫饼冷却后，用勺子将糖霜淋在华夫饼上。

黄油蛋糕

无须装饰，刚刚烘烤出炉的模样就已让人爱不释手的黄油蛋糕，
细腻的质地、自然的金黄色就是最好的装饰。
使用不同形状的模具烘焙也是这款蛋糕的乐趣所在。
方形模具、咕咕霍夫模具、玛芬模具等，只要将大小、形状稍作改变，
烘烤出来的蛋糕，无论外观还是口感都会截然不同。
从烤好的当天放到第二天、第三天，
原料得到充分融合，味道更加温和，
一定要细细品味这些味道的变化。

柠檬黄油蛋糕

这是一款散发着柠檬香味、极为朴实的黄油蛋糕。今天介绍的黄油蛋糕，是用四四方方、线条简洁的磅蛋糕模具烘烤而成的。想要切成等份时，我一般会使用圆形模具烘烤黄油蛋糕，这样便于分切，也不会造成浪费。但是烘烤出来的长方形黄油蛋糕，给人一种朴实的美感。所以，每当我想寻求制作点心的初心时，就会毫不犹豫地选择磅蛋糕模具。

这款蛋糕只使用了柠檬的表皮部分，是一款散发着清新的柠檬香气，但是却没有酸味的原味蛋糕。也可以根据个人喜好，涂上柠檬糖霜或柠檬糖浆。柠檬糖浆的制作方法，就是锅内放入水、柠檬汁、细砂糖各两大匙，开火加热至沸腾，待细砂糖溶化即可。也可以用微波炉加热。蛋糕出炉后，立刻将糖浆涂满蛋糕表面，让糖浆慢慢渗入。这样就变成了一款具有柠檬香味、口感湿润、格外美味的蛋糕了。

材料（18cm×8cm×8cm的磅蛋糕模具1个）

低筋面粉……………………………………………… 90g
杏仁粉………………………………………………… 30g
泡打粉……………………………………………… 1/8小匙
无盐黄油…………………………………………… 90g
牛奶…………………………………………………… 1大匙
蜂蜜………………………………………………… 1/2大匙
细砂糖………………………………………………… 90g
蛋黄、蛋清…………………………………………… 各2个
柠檬皮（日产柠檬）………………………………… 1个
盐……………………………………………………… 1小撮

使用美国Microplane公司生产的刨丝器（擦丝器），将柠檬表皮擦成细细的丝。刨丝器刀片锋利、网眼不易堵塞，是一款非常实用的工具。

准备工作

· 柠檬皮擦丝备用。
· 低筋面粉、杏仁粉、泡打粉一并过筛。
· 模具铺上烘焙用纸，或抹上黄油再撒一层面粉（分量外）。

做法

1 将黄油、牛奶、蜂蜜放入耐热容器中，用微波炉或隔水加热使其溶化。然后将容器浸在热水里，保持温度。烤箱预热至160℃。

2 将蛋清放入碗内，一点点加入盐和细砂糖，用电动打蛋器打发成富有光泽、浓稠的蛋白霜。然后一个一个加入蛋黄，搅拌均匀。

3 将1的黄油液体分2～3次加入，用打蛋器沿着碗底翻拌。筛入粉类，用硅胶铲沿着碗底快速且仔细地搅拌均匀。然后再加入柠檬皮，整体搅拌均匀。

4 将面糊倒入模具内，放入160℃的烤箱内烘烤45分钟左右（用竹扦插入正中央，如果没有粘上黏稠的面糊，即可出炉）。脱模，冷却。

这是一款散发着柠檬香气的蛋糕，也可以使用柠檬形状的模具烘烤。烤好的蛋糕再淋上酸甜的柠檬糖霜，味道很棒。用3大匙糖粉和1小匙柠檬汁搅拌成浓稠的糖霜，再用汤匙或裱花袋淋在冷却的蛋糕上即可。

巧克力大理石纹黄油蛋糕

使用味道独特的榛果粉制作而成的蛋糕糊，再加入巧克力，烘烤出大理石纹蛋糕。榛果香甜的风味非常适合与巧克力搭配，我在烘烤巧克力蛋糕和巧克力派时都会用到。

想呈现出清晰的大理石纹，重点在于两种面糊混合时不要搅拌太久。只需用硅胶铲大幅度翻拌 1～2 次即可。把面糊倒入模具的步骤也算是再次搅拌的过程，因此在制作面糊时不用担心是不是搅拌得不够均匀。

与巧克力相得益彰的榛果粉。风味独特，如果没有的话，可以用杏仁粉替代。

用过很多家生产的巧克力，最后选中使用图示这款。可以说它是我进入烘焙世界的起点——比利时嘉利宝巧克力公司生产的半甜巧克力。

材料（18cm×8cm×8cm的磅蛋糕模具1个）

低筋面粉……………………………… 85g
泡打粉……………………………… 1/3小匙
无盐黄油……………………………… 100g
细砂糖……………………………… 90g
榛果粉……………………………… 30g
鸡蛋……………………………… 2个
牛奶……………………………… 1大匙
喜欢的利口酒（此配方使用巧克力口味）…… 1/2大匙
盐……………………………… 1小撮
烘焙用巧克力（半甜）……………… 40g

准备工作

· 将黄油、鸡蛋放置室温下回温。
· 将巧克力切碎，用微波炉或隔水加热至熔化。
· 低筋面粉、泡打粉、盐一并过筛。
· 模具铺上烘焙用纸，或抹上黄油再撒一层面粉（分量外）。
· 烤箱预热至160℃。

做法

1 将变软的黄油放入碗内，用手动打蛋器或电动打蛋器搅打成奶油状，然后加入细砂糖，搅打至发白、蓬松的状态。依次加入一半的全蛋液（一点点加入）、榛果粉、剩余的全蛋液（一点点加入），每加入一样材料都需搅拌均匀。

2 筛入粉类，用硅胶铲沿着碗底搅拌均匀。加入牛奶和利口酒，快速搅拌至呈现出光泽。

3 另取一只碗，倒入1/3的**2**和熔化的巧克力，制作成巧克力面糊。然后再倒回原来的那个碗内，用硅胶铲大幅度搅拌1～2次，呈现出大理石纹。

4 将面糊倒入模具内，抹平后放入160℃的烤箱内烘烤45分钟左右。

材料（直径8cm的烤碗7个）

低筋面粉…… 50g
可可粉…… 20g
泡打粉…… 1/3小匙
无盐黄油…… 100g
细砂糖…… 80g
杏仁粉…… 50g
鸡蛋…… 2个
蜂蜜…… 1大匙
牛奶…… 1大匙
盐…… 1小撮
无花果干…… 80g
朗姆酒…… 1大匙+1小匙

*直径7cm的玛芬模具8个，170℃烘烤时间25分钟左右。

准备工作

· 将黄油、鸡蛋放置室温下回温。
· 将无花果干切碎，淋上朗姆酒。
· 低筋面粉、可可粉、泡打粉、盐一并过筛。
· 模具铺上烘焙用纸，或抹上黄油再撒一层面粉（分量外）。
· 烤箱预热至170℃。

做法

1 将变软的黄油放入碗内，用手动打蛋器或电动打蛋器搅打成奶油状，然后加入细砂糖，搅打至发白、蓬松的状态。依次加入蜂蜜、一半的全蛋液（一点点加入）、杏仁粉、剩余的全蛋液（一点点加入），每加入一样材料都需搅拌均匀。
2 筛入粉类，用硅胶铲沿着碗底搅拌，趁还有干面粉时，加入无花果碎，然后快速搅拌至呈现出光泽。最后加入牛奶，整体搅拌均匀。
3 将面糊倒入模具内，抹平后放入170℃的烤箱内烘烤25～30分钟。脱模，冷却。

可可无花果黄油蛋糕

造型像花朵，名为“花朵丝芙蕾”的小烤碗深得我心。外形好看，且便于收纳，除了能当烤模，还可以收纳小物或计量调料，无论是烘焙糕点还是做菜都可以大显身手。当时我在购物网站上搜寻包装材料，偶然看到了这款烤碗，我觉得它非常适合烘焙水果蛋糕，于是就立刻收入囊中。

用购入的这款烤碗烘烤出来的小蛋糕非常受大家欢迎，再次证明了我买对东西了。今天介绍的这款点心是可可无花果黄油蛋糕。白色的烤碗与可可色的蛋糕对比鲜明，增添了些许情趣。

使用没有添加砂糖的纯可可粉。我非常喜欢法国Peck公司和法芙娜公司生产的可可粉。

我非常喜欢把好吃又有嚼劲的无花果干与核桃搭配在一起烘烤司康。

红茶苹果黄油蛋糕

我在第一本食谱书中曾经介绍过一款叫作“苹果乡村蛋糕”的点心。因为这款糕点结下很多深厚的缘分，留下满满的趣事与回忆，真是让人怀念。随着时间的流逝，食谱会有所调整，但是每当红玉苹果上市时，我都会烤这款蛋糕。仿佛听到急切分享蛋糕的朋友对我说：“今年差不多是时候烤苹果乡村蛋糕了吧！”

以那款食谱为基础，这次介绍一款散发着伯爵红茶香气的红茶苹果黄油蛋糕。用正方形的纸质杯模烘烤完成后，再系上红丝带，这就是今年秋天馈赠给朋友们的礼物。

正方形、稍微有些深度的纸质杯模。不仅可以烘焙糕点，还可以当作装饰用的迷你托盘。

材料（9cm×9cm的纸质杯模3个）

低筋面粉…… 55g
杏仁粉…… 65g
泡打粉…… 1/4小匙
无盐黄油…… 65g
细砂糖…… 65g
鸡蛋…… 1个
盐…… 1小撮
苹果…… 1个
红茶叶…… 4g（茶包2袋）
朗姆酒…… 1大匙

*直径7cm的玛芬模具8个，170℃烘烤时间25分钟左右。

准备工作

- 将鸡蛋放置室温下回温。
- 苹果去皮切成小丁，再加入切碎的红茶叶（茶包的话可直接使用）和朗姆酒，混合均匀备用。
- 低筋面粉、杏仁粉、泡打粉、盐一并过筛。
- 将纸质杯模放在模具内。

做法

1. 将黄油放入耐热容器中，用微波炉或隔水加热使其熔化。然后容器浸在热水里，保持温度。烤箱预热至170℃。
2. 将蛋清和细砂糖放入碗内，碗底隔热水，用电动打蛋器高速打发。带温度上升至与人体体温一致时，从热水中取出。然后继续搅打至发白、黏稠状（提起打蛋器，液体缓缓滴落）。将电动打蛋器调至低速，搅打细腻。
3. 将1的黄油液体分2～3次加入，用打蛋器沿着碗底翻拌。筛入粉类，用硅胶铲沿着碗底搅拌，趁还有干面粉时加入苹果、红茶叶、朗姆酒混合物，快速搅拌均匀。
4. 将面糊倒入模具内，抹平后，放入170℃的烤箱内烘烤30～35分钟。

糖渍水果蛋糕

外观姑且不说，这款模具最让我满意的就是正中央的中空设计，可以让受热更均匀，即使是黏稠的面糊仍能烘烤得特别漂亮。这款用咕咕霍夫模具烘烤而成的黄油蛋糕，既美观又高雅，非常适合当作休闲时光或隆重场合的点心。

将整个蛋糕用透明玻璃纸包裹起来，垫上蜡纸或蕾丝纸，装在包装盒里。用这种包装方式送人的点心中，我最喜欢做的是水果蛋糕，其次是朗姆酒渍葡萄干巧克力蛋糕，再者就是没有额外添加材料的原味蛋糕。这款堪称经典王道的食谱，绝对值得你一试。

材料（直径16cm的咕咕霍夫模具1个）

低筋面粉…… 90g
泡打粉…… 1/4小匙
无盐黄油…… 100g
细砂糖…… 80g
杏仁粉…… 30g
蛋黄、蛋清…… 各2个
牛奶…… 1大匙
蜂蜜…… 1/2大匙
盐…… 1小撮
糖渍水果…… 100g
朗姆酒…… 1/2大匙

准备工作

· 将黄油放置室温下回温。
· 将糖渍水果与朗姆酒混合备用。
· 低筋面粉、泡打粉一并过筛。
· 模具抹上黄油再撒一层面粉（分量外）。
· 烤箱预热至160℃。

做法

1 将变软的黄油放入碗内，用手动打蛋器或电动打蛋器搅打成奶油状，然后加入一半的细砂糖，搅打至发白、蓬松的状态。依次加入蛋黄（一个一个加入）、蜂蜜、杏仁粉、牛奶和糖渍水果，每加入一种材料都需搅拌均匀。

2 另取一只碗放入蛋清，一点点加入盐和剩余的细砂糖，用电动打蛋器打发成富有光泽、浓稠的蛋白霜。

3 取一勺2的蛋白霜加入到1内，用打蛋器以画圈式搅拌。然后依次加入一半的粉类、一半的蛋白霜、剩下的粉类、剩下的蛋白霜，每加入一种材料都需要用硅胶铲沿着碗底搅拌均匀。

4 将面糊倒入模具内，抹平后放入160℃的烤箱内烘烤45分钟左右。脱模，冷却。

糖渍水果包括苹果、葡萄、白桃、杏、洋梨、柠檬、橙子、樱桃、菠萝等，口感细腻柔软。

图示咕咕霍夫模具是法国Matfer公司生产的。在我现有的多款咕咕霍夫模具中，我最中意这款模具的形状、尺寸。不粘技术（氟化乙烯树脂涂层）让脱模更轻松。

让人惊喜的蛋糕⑤

苹果派

我喜欢不用模具、徒手捏出随意造型的点心。这是不是散发着“妈妈平时常做的点心”的温馨氛围。制作司康和曲奇饼干时，我也经常不用模具，直接用手把面团成球形。在擀好的派皮上撒上一层饼干碎，可以吸收苹果渗出的果汁，防止派底受潮。也可以用海绵蛋糕碎替代饼干碎，味道会更赞。有时为了烤这款苹果派，我会特意先烤原味蛋糕卷备用。

材料

（直径13～14cm的苹果派2个）

派皮

a
- 低筋面粉…………………… 100g
- 细砂糖…………………… 1小匙
- 盐…………………… 1小匙

- 无盐黄油…………………… 75g
- 冷水…………………… 2大匙

馅料

- 苹果…………………… 2个
- 细砂糖…………………… 2大匙
- 柠檬汁…………………… 1小匙

粗粮饼干……… 约8块（70g）

无盐黄油…………………… 15g

手粉（最好用高筋面粉）、装饰用糖粉…………………… 各适量

准备工作

· 将制作派皮的黄油切成1.5cm的小丁，放入冰箱内冷藏。

· 粗粮饼干放入保鲜袋内，用擀面杖捣碎。

· 烤盘铺上烘焙用纸。

做法

1. 制作派皮。将a放入食物搅拌器内搅拌3～5秒。加入黄油，不停地重复搅拌多次，粗略搅拌后加入冷水，继续重复搅拌多次，所有材料搅拌成团后取出。将面团两等分，抹平后用保鲜膜包裹放入冰箱内醒1个小时以上。
2. 制作馅料。苹果去皮切成小丁，然后加入细砂糖和柠檬汁，混合均匀。
3. 烤箱预热至180℃。将1放在撒过手粉的操作台上，用擀面杖擀成厚2～3cm、直径22cm的圆形。在底部用叉子插出小洞，然后依次铺上粗粮饼干、2，边缘留出3cm。将派皮的边缘卷起包裹好馅料，可以一边打褶一边将派皮立起。整理好形状后，再将黄油丁撒在苹果上。
4. 摆放在烤盘上，放入180℃的烤箱内烘烤50分钟，冷却后根据个人喜好撒上糖粉。

※手工制作派皮时

将材料a筛入碗内，加入切成1.5cm小丁的黄油，用刮刀一边切黄油丁一边搅拌粉类。加入冷水（不要搅拌过度），大致揉成面团，放入冰箱内冷藏。

蒸蛋糕

厨房内弥漫着蒸气的场景非常温暖、幸福。
这种难以忘怀的感觉，
源自小时候妈妈制作美味蒸面包的那段模糊记忆。
只用一把打蛋器不停地搅拌，
就可以做出蓬松、柔软，又可爱的小点心。
做小一点，只需蒸12～13分钟即可。
如果我要开一家糕点铺，
在琳琅满目的烘烤蛋糕中，
我一定要做几款蒸蛋糕摆在橱窗内。

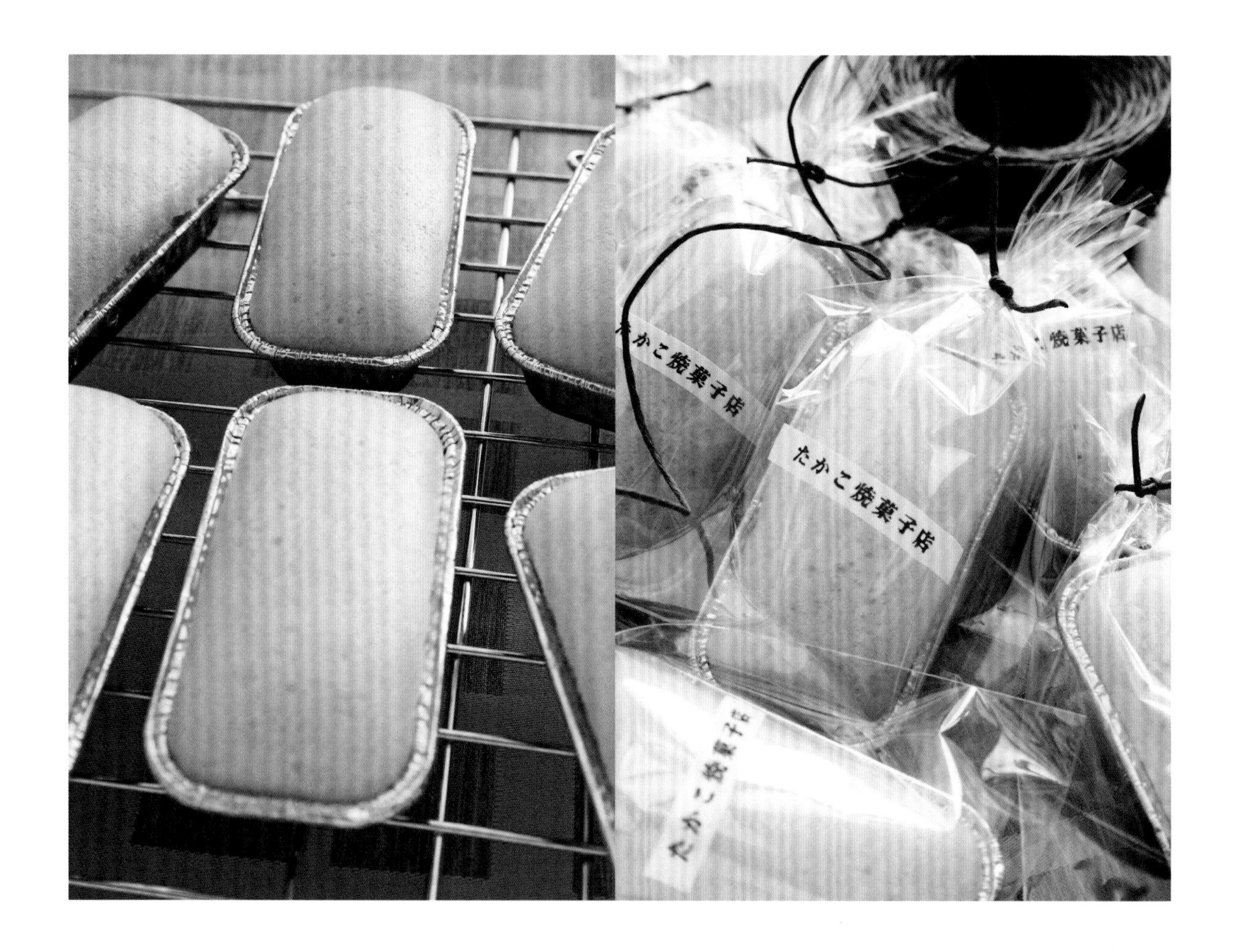

原味蒸蛋糕

可以品尝到奶油与牛奶风味的原味蒸蛋糕。放凉后食用味道也不错，如果用微波炉稍微加热一下，就能恢复到刚蒸好时的松软口感。我喜欢往面糊里添加牛奶和酸奶，这样能让蛋糕口感更加蓬松，今天介绍的就是这款食谱。如果追求更加纯粹的味道，就不加水，只加牛奶或酸奶。可以比较一下细微的口感与风味差异，按照个人喜好调整原料用量。

如果家里没有专门的蒸锅，也可以用锅盖与锅身略深的平底锅或普通锅代替。锅内放入尺寸合适的圆形蛋糕冷却架，这样就可以当蒸锅用了，或者在锅底铺上一层厨房纸巾，然后将模具直接放在上面蒸也可以。如果锅盖形状比较扁平，使用前先包上一层布可以防止锅盖内的水蒸气滴到蛋糕上。另外，如果想一次做大量小型蒸蛋糕，可以用大一点的蒸锅或是用多层蒸屉；也可以直接使用直径 15cm 的圆形模具或是方型模具制作成一个大蛋糕，既节省空间，又不影响口感。

材料（9cm×4.5cm的铝制迷你磅蛋糕模具8个）

低筋面粉…… 85g

泡打粉…… 1小匙

细砂糖…… 50g

鸡蛋…… 1个

a：

- 无盐黄油…… 40g
- 原味酸奶…… 2大匙
- 牛奶…… 2大匙

盐…… 1小撮

*直径7cm的烤碗可做6个，蒸制时间12～13分钟。

准备工作

· 将鸡蛋放置室温下回温。

· 黄油用微波炉或隔水加热熔化。

做法

1 将鸡蛋、细砂糖、盐放入碗内，用打蛋器搅打均匀（无须打发），加入a，继续搅拌均匀。

2 筛入低筋面粉和泡打粉，用打蛋器搅拌至面糊光滑。

3 倒入模具内，将模具摆放在上汽的蒸屉内，用中火蒸10～12分钟（用竹扦插入正中央，如果没有粘上黏稠的面糊，即可出锅）。脱模后，趁热吃或待冷却后抹上奶油食用。

*铝制模具不能使用微波炉加热，蛋糕必须脱模后才能用微波炉加热，或使用蒸屉加热。

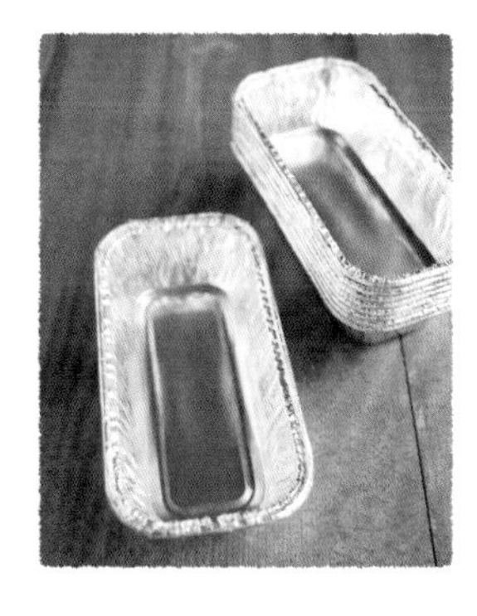

铝制模具可蒸可烤非常方便，除了可以制作蒸蛋糕、黄油蛋糕，还可以蒸烤布丁。

每天早晨都会食用的小岩井乳业生产的原味酸奶。浓度略稀，酸度适中，是我喜欢的味道。

将面糊倒在直径15cm的圆形烘焙用纸上，待上汽后放入蒸锅内蒸20～25分钟。将蒸好的大蛋糕掰成小块，趁热食用味道极佳。

抹茶蒸蛋糕

使用日式食材制作点心时，总会觉得心情更加平和、沉稳。如今，放眼望去，客厅和厨房内的一切，无论是各式各样的厨房用具、精巧的餐桌，还是木制的沙发，几乎都是西式风格。其中唯有一件散发着和风气息的家具，那就是日式餐具橱柜。橱柜本身是西式的，隔层都很浅，但每当我看到摆放整齐的陶瓷餐具，原本处于紧张状态的我便会感到些许放松。

我把华丽的抹茶蒸蛋糕放在织部烧五寸盘中，再倒满一大茶碗的焙茶。享受只有一个人的下午茶时光，让自己得到尽情释放。

材料（9cm × 4.5cm的铝制迷你磅蛋糕模具8个）

低筋面粉……85g
抹茶粉……1/2大匙
泡打粉……1小匙
细砂糖……55g
鸡蛋……1个
a { 无盐黄油……40g
　 牛奶……2大匙
盐……1小撮

*直径7cm的烤碗可做6个，蒸制时间12～13分钟。

准备工作

· 将鸡蛋放置室温下回温。
· 黄油用微波炉或隔水加热至熔化。

做法

1 将鸡蛋、细砂糖、盐放入碗内，用打蛋器搅打均匀（无须打发），加入材料a，继续搅拌均匀。
2 筛入低筋面粉、抹茶粉和泡打粉，用打蛋器搅拌至面糊光滑。
3 倒入模具内，将模具摆放在上汽的蒸屉内，用中火蒸10～12分钟。

香蕉巧克力蒸蛋糕

香蕉本身具有非常浓郁的香甜味道，可以跟各种食材相搭配，是一种使用范围极广的水果。除了与巧克力、坚果搭配，还可以与抹茶、肉桂、奶酪与覆盆子搭配。初次听到香蕉茶时，我很疑惑“真的假的？有这种茶吗？”，品尝过之后便赞叹不已，“真是香蕉味的茶”。

我曾经突发奇想将各种食材搭配，做出来的蛋糕真是惨不忍睹。这时我一般就会只用香蕉烘烤简单的蛋糕，或是搭配巧克力、核桃这两样百搭材料，让我重燃对烘焙的热情。

材料（直径7cm的烤碗7～8个）

低筋面粉……85g
泡打粉……1小匙
细砂糖……50g
鸡蛋……1个
a { 无盐黄油……30g
a { 鲜奶油……50mL
盐……1小撮
香蕉……1小根（净重60g）
烘焙用巧克力（半甜）……25g

准备工作

· 将鸡蛋放置室温下回温。
· 巧克力切碎，放入冰箱内冷藏备用。
· 香蕉去皮，用叉子碾碎。
· 黄油用微波炉或隔水加热至熔化。
· 烤碗内铺上纸质杯模（也可不用杯模）。

做法

1 将鸡蛋、细砂糖、盐放入碗内，用打蛋器搅打均匀（无须打发），加入a，继续搅拌均匀。
2 筛入低筋面粉和泡打粉，用打蛋器搅拌至面糊光滑，然后加入香蕉和巧克力碎，粗略搅拌一下。
3 倒入模具内，将模具摆放在上汽的蒸屉内，用中火蒸12～13分钟。

香蕉皮出现黑点正是香蕉熟透，甜度最强的时候。需要用叉子碾碎后再加入蒸蛋糕的面糊中。

可可奶酪蒸蛋糕

我最喜欢可以品尝到浓郁可可风味的可可蒸蛋糕。蛋糕内包裹着味道香甜的奶油奶酪。蛋糕在蒸制的过程中会不断膨胀，为了避免奶油奶酪溢出，包馅时一定要整个包在面团里。

蛋糕出锅后，如果想趁热吃，蒸之前就不需要在模具内铺上纸杯，直接将面糊倒入模具内即可，这样就可以用汤匙享用松软可可蛋糕中浓醇的奶油奶酪了。

材料（直径7cm的烤碗7～8个）

低筋面粉……70g
可可粉……15g
泡打粉……1小匙
细砂糖……55g
鸡蛋……1个
a { 无盐黄油……40g
牛奶……70mL }
盐……1小撮
{ 奶油奶酪……70g
细砂糖……1大匙多 }

准备工作

· 将鸡蛋、奶油奶酪放置室温下回温。
· 黄油用微波炉或隔水加热至熔化。
· 烤碗内铺上纸质杯模（也可不用杯模）。

做法

1 将变软的奶油奶酪、细砂糖放入碗内，用打蛋器搅打均匀。
2 另取一只碗放入鸡蛋、细砂糖、盐，用打蛋器搅打均匀（无须打发），加入材料a，继续搅拌均匀。
3 筛入低筋面粉、可可粉和泡打粉，用打蛋器搅拌至面糊光滑。
4 将面糊倒至模具1/3高度处，放入1汤匙的1，再倒满面糊。将模具摆放在上汽的蒸屉内，用中火蒸12～13分钟。

奶油奶酪可以像食谱中那样包在面糊里，也可以放在面糊顶上用勺子稍微按压使其下沉。

材料（直径7cm的烤碗7～8个）

低筋面粉……85g
泡打粉……1小匙
细砂糖……55g
鸡蛋……1个
a { 红茶叶……4g（茶包2袋）
a { 鲜奶油……80mL
a { 牛奶……2大匙
盐……1小撮

准备工作

- 将鸡蛋放置室温下回温。
- 红茶切碎（茶包的话可直接使用）。
- 烤碗内铺上纸质杯模（也可不用杯模）。

做法

1 将a放入耐热容器内，用微波炉加热至即将沸腾的状态，然后放置冷却。
2 另取一只碗放入鸡蛋、细砂糖、盐，用打蛋器搅打均匀（无须打发），加入1的红茶液，搅拌均匀。
3 筛入低筋面粉和泡打粉，用打蛋器搅拌至面糊光滑。
4 倒入模具内，将模具摆放在上汽的蒸屉内，用中火蒸12～13分钟。

奶茶蒸蛋糕

如今咖啡的魅力可谓是锐不可当，但是我热爱红茶与红茶味点心的心依旧不变。我会在奶油蛋糕、曲奇饼干、戚风蛋糕、蛋糕卷、奶酪蛋糕内加入喜欢的茶叶。将茶叶切碎后混合到面糊内，再按照相同烘焙步骤制作，不管做多少次，都不会腻。

以制作奶油蛋糕为例，我会试着加入自己特地调配的茶叶，或者利用红茶的颜色做成大理石纹，或者寻找与豆沙搭配的最佳比例，这种钻研的感觉让我欲罢不能。烘焙和坚持烘焙真的是任重而道远。

斯里兰卡红茶中我最爱“MLesna Tea House”，用它做成的焦糖红茶可以用来制作点心。平时需放在密封效果好的不锈钢容器内保存。

奶酪派

在之前的书中也介绍过使用边长16cm的派盘烘焙点心的食谱，这一尺寸的派盘也是我常用的模具之一。这次给大家介绍如何用味道浓郁的奶酪制作美味的奶酪派。

有了这个方形模具后，我就经常用它烘烤适合这个形状的点心；为了研究炖煮饭菜，特意买了专用的煮锅；再瘦一斤，就去买那件心仪的洋装。让自己行动更加具体，并努力去实现，这样成功率往往会更高。为了让晚餐的汤类更加丰富，我现在正谋划着入手几个漆碗。

材料

（16cm×16cm活底派盘1个）

派皮

a { 低筋面粉……………………100g
  细砂糖……………………1小匙
  盐……………………1小撮 }

{ 无盐黄油……………………75g
  冷水……………………2大匙 }

奶酪馅

{ 奶油奶酪……………………160g
  无盐黄油……………………30g
  细砂糖……………………50g
  蛋黄、蛋清……………………各1个
  牛奶……………………50mL
  玉米粉……………………2大匙
  柠檬汁……………………1/2小匙
  盐……………………1小撮 }

手粉（高筋面粉）……………………适量

准备工作

· 将制作派皮的黄油切成1.5cm的小丁，放入冰箱内冷藏。

· 将制作奶酪馅的奶油奶酪和黄油放置室温下回温。

· 模具内涂上黄油（分量外）。

做法

1 派皮制作请参照p52做法1。将派皮放到撒过手粉的操作台上，用擀面杖将派皮擀成厚2～3cm的正方形，铺入派盘内，底部用叉子插上小孔，盖上保鲜膜，放入冰箱内冷藏30分钟以上。

2 烤箱预热至190℃。将烘焙用纸铺在派皮上，压上重物（烘焙镇石或过期的豆子），放入190℃的烤箱内烘烤20分钟，取掉重物，连同模具一并冷却。

3 烤箱预热至160℃。制作奶酪馅。将奶油奶酪和黄油放入碗内，用打蛋器搅打，然后依次加入蛋黄、牛奶、玉米粉（筛入）、柠檬汁，每加入一种材料都需要搅拌均匀。然后面糊过筛。

4 另取一只碗放入蛋清，然后一点点加入盐和细砂糖，用电动打蛋器打发成浓稠、蓬松的蛋白霜（六七分打发）。舀1勺放入3内，用打蛋器画圈式搅拌，然后加入剩余的蛋白霜，用硅胶铲沿着碗底翻拌均匀。

5 将4倒入2内，放入160℃的烤箱内烘烤25分钟。冷却后脱模，放入冷藏室内充分冷却。

*派皮制作参照p52。

挞

“过去的一周辛苦啦！明天也要继续加油哦！”
我一般在周末时会以这种心情烘烤几个挞派。
制作挞派时，有几个步骤需要花费一些功夫。
但是，爱就藏在这些花费的功夫里，
只期待大家吃得开心。
本周给大家推荐一款加入糖渍草莓的挞派，
还有一款将香滑巧克力倒入挞皮内制作而成的冷点。
如果用奶酥制作挞皮，
推荐搭配爽口的香橙或浓醇的卡仕达酱。

草莓挞

我认识一位可爱、稳重的小妹妹。在一个私人场合偶然相识后，就在各方面承蒙她的关照，我们关系很好，她经常来我家吃饭，我们一起做点心。她平时一直都精力充沛，从没有看到过她精神疲惫或情绪低落的时候。相比而言，我就比较脆弱了，经常在陷入困境或疲惫时大吐苦水："我好烦呀！我好累呀！"在我最需要安慰的时候，只要看到她，我就立刻精神大振了。

几年前，她嫁作人妇离开了京都，与心爱的人开始了新生活。我相信开朗乐观的她，无论遇到什么困难都会迎刃而解。最喜欢挞派、每次吃到我做的甜点后便给我大大笑容的小C，真的祝贺你，今后要一直一直快快乐乐、幸福下去。

材料（直径18cm的派盘1个）

挞皮

- 低筋面粉……100g
- 无盐黄油……45g
- 糖粉……20g
- 鸡蛋……1/4个
- 盐……1小撮

杏仁奶油馅

- 杏仁粉……65g
- 无盐黄油……50g
- 细砂糖……50g
- 鸡蛋……1个
- 玉米粉……1大匙多

糖渍草莓

- 草莓……约1/2盒（150g）
- 细砂糖……3大匙

手粉（高筋面粉）、装饰用糖粉……各适量

准备工作

· 将草莓纵切成4等份，撒上细砂糖，放在冷藏室内腌制一夜。
· 将制作挞皮的黄油切成1.5cm的小丁，放在冰箱内冷藏。
· 将制作杏仁奶油馅的黄油和鸡蛋放置室温下回温。

做法

1 制作挞皮。将低筋面粉、糖粉、盐放入食物搅拌器内搅拌3～5秒。加入黄油，不停地重复搅拌多次，粗略搅拌后加入鸡蛋，继续重复搅拌多次，所有材料搅拌成团后取出。将面团抹平后用保鲜膜包裹放入冰箱内醒1个小时以上。

2 将面团取出放在撒过手粉的操作台上，用擀面杖擀成厚2～3cm的圆形挞皮，整体铺在派盘上，用叉子在底部插出小洞，然后包裹上保鲜膜放在冰箱内冷藏30分钟以上。

3 烤箱预热至180℃。制作杏仁奶油馅。将变软的黄油、细砂糖放入碗内，用打蛋器搅拌均匀，然后依次加入杏仁粉、全蛋液（一点点加入）、玉米粉（筛入），搅拌均匀（也可用食物搅拌器搅拌）。再加入沥干水分的糖渍草莓，用硅胶铲搅拌均匀。

4 将**3**的奶油馅倒在**2**的挞皮上，摊平，用滤茶器筛上糖粉，放入180℃的烤箱内烘烤45分钟左右。稍微冷却后脱模，完全冷却后按个人喜好撒上糖粉。

糖渍草莓就是利用砂糖逼出草莓的水分，保留草莓的新鲜度，并让草莓风味更加浓郁。与煮制的草莓酱，味道截然不同。

酥脆、湿润的挞派搭配上打发的奶油和香草叶。早春温暖的午后，用这款草莓挞当下午茶甜点，再搭配上一杯红茶，堪称完美。

*手工制作挞皮时

将放在室温下的黄油、糖粉、盐放入碗内，用手动打蛋器或电动打蛋器搅打至泛白、蓬松。一点点加入全蛋液，搅拌均匀，然后筛入低筋面粉，用硅胶铲搅拌均匀，揉成面团后，放入冰箱内冷藏。之后的步骤，与左侧做法**2**以后相同。

生巧克力挞

用浓郁、顺滑的生巧克力做馅料的挞派。因为滋味浓厚，所以我喜欢切成薄片后慢慢享用。用小型派盘做出来也相当迷人。

一说起巧克力，大家就会联想到情人节。制作巧克力点心时，我总是手上不停地忙碌着，而脑海里却一直想着心中最重要的那个人。顺便跟大家分享一件小事，我家冰箱里有一个牛奶盒造型的北极熊（Fidgeezoo 公司推出的可爱小玩偶），只要一打开冰箱，它就会跟你亲密地聊天，有时还会突然冒出“我爱你”之类的话，让人忍不住内心欢畅。

味道清爽、香气浓郁的橘味利口酒柑曼怡。也可以用朗姆酒、白兰地代替。

材料（直径18cm的派盘1个）

挞皮

- 低筋面粉……100g
- 无盐黄油……45g
- 糖粉……20g
- 鸡蛋……1/4个
- 盐……1小撮

巧克力奶油馅

- 点心专用巧克力（半甜）……150g
- 无盐黄油……25g
- 鲜奶油……150mL
- 橘味利口酒（柑曼怡）……1/2大匙

手粉（高筋面粉）、装饰用糖粉……各适量

准备工作

· 将制作挞皮的黄油切成1.5cm的小丁，放在冰箱内冷藏。
· 将制作巧克力奶油馅的黄油放置室温下回温。
· 巧克力切碎。

做法

1 制作挞皮。将低筋面粉、糖粉、盐放入食物搅拌器内搅拌3～5秒。加入黄油，不停地重复搅拌多次，粗略搅拌后加入鸡蛋，继续重复搅拌多次，所有材料搅拌成团后取出。将面团抹平后用保鲜膜包裹放入冰箱内醒1个小时以上。*手工制作时请参照p63。

2 将面团取出放在撒过手粉的操作台上，用擀面杖擀成厚2～3cm的圆形挞皮，整体铺在派盘上，用叉子在底部插出小洞，然后包裹上保鲜膜放在冰箱内冷藏30分钟以上。

3 烤箱预热至180℃。将烘焙用纸铺在挞皮上，压上重物（烘焙镇石或过期的豆子），放入180℃的烤箱内烘烤25分钟至金黄色，取掉重物，连同模具一并冷却。

4 制作巧克力奶油馅。将切碎的巧克力、黄油放入碗内，加热至即将沸腾，然后一次性加入鲜奶油，用硅胶铲搅拌至光滑后，再加入利口酒。

5 将4的碗底浸在冰水内慢慢搅拌，搅拌至浓稠后倒入3的挞皮内，轻轻晃动，表面抹平后，放入冰箱内冷藏凝固（需冷藏半日以上）。最后按个人喜好撒上糖粉。

材料（直径15cm的活底派盘1个）

奶酥

- 低筋面粉…… 35g
- 杏仁粉…… 10g
- 无盐黄油…… 20g
- 细砂糖…… 15g
- 盐…… 1小撮

杏仁奶油馅

- 杏仁粉…… 65g
- 无盐黄油…… 50g
- 细砂糖…… 40g
- 鸡蛋…… 1个
- 低筋面粉…… 1大匙
- 橘味利口酒（柑曼怡）…… 1/2大匙
- 香橙片……4～5片

装饰用香橙片……10片

装饰用糖粉…… 适量

准备工作

- 将制作奶酥的黄油切成1.5cm的小丁，放在冰箱内冷藏。
- 将制作杏仁奶油馅的黄油和鸡蛋放置室温下回温。
- 用厨房用纸拭干香橙薄片上的汁水。制作奶油馅的香橙皮以放射状8～10等分。

做法

1. 制作奶酥。将除了黄油以外所有制作奶酥的材料放入食物搅拌器内搅拌3～5秒。加入黄油，不停地重复搅拌多次，呈颗粒状时取出。
2. 将**1**铺在派盘底部，用汤匙背面使劲按压平整，然后用叉子在底部插出小洞，包裹上保鲜膜放在冰箱内冷藏。烤箱预热至180℃。
3. 制作杏仁奶油馅。将变软的黄油、细砂糖放入碗内，用打蛋器搅拌均匀，然后依次加入杏仁粉、全蛋液（一点点加入）、低筋面粉（筛入）、利口酒，搅拌均匀。然后加入香橙片，用硅胶铲搅拌均匀。
4. 将**3**的奶油馅倒在**2**上，摊平，摆放上香橙片，放入180℃的烤箱内烘烤40分钟左右。趁热用刀子在模具与蛋糕之间划一圈，稍微冷却后脱模，完全冷却后按个人喜好撒上糖粉。

香橙挞

这是一款码放着整齐香橙片、杏仁奶油馅分量十足、散发着清新香橙气息的点心。码放香橙片时，最好把中央位置留出空隙，这样比较方便食用时分切。

我比较相信色彩疗法和色彩心理学，我们可以借用色彩的力量控制自己的情绪和给人的印象。比如，每天清晨选择服饰颜色时，想要展现温柔幸福时选粉红色、想展现率真自我时选白色、想提高干劲时就选红色、如果想扮演温柔母亲时就选深蓝和白色。橙色是维生素色系，给人一种活力充沛的感觉，希望这个用橙色装饰的挞派能给大家带来快乐。

糖煮香橙片罐头既可以保持橙子漂亮的形状、又方便使用。柔软的果皮不仅可以作为装饰，还可以混在蛋糕糊里一起烘烤，味道极为香甜。

使用食物搅拌器可以很快做好奶酥。控制好电源开关，不要过度搅拌成面团，只需要搅拌成粗糙的颗粒状即可。

＊手工制作奶酥时

除了黄油，将其他材料全部放入碗内，用打蛋器画圈式搅拌。然后加入已提前切成1.5cm小丁的黄油，用手指尖将黄油与粉类搓成颗粒状。

卡仕达酱杏仁奶油挞

只用面粉、黄油、鸡蛋、砂糖、杏仁粉就能做出可以突出食品原料本真味道的朴实挞派。可以搭配一杯意式浓缩咖啡，也可以搭配茉莉花茶等中国茶，慢慢享用。

只要一旦开始收集茶杯与茶盘，就等于踏上了一条不归路，我最近不断克制已经收敛了不少。根据饮品种类与心情来挑选杯子，虽然都是微不足道的小事，但总能让人感到满足与幸福。和他一起喝咖啡时都是用这个杯子……之类的生活小事总是让人感到喜悦。与这个挞派搭配的是几年前生日时收到的小咖啡杯，非常具有中国风，我非常珍爱这两个杯子。

材料（直径18cm的派盘1个）

奶酥

- 低筋面粉……70g
- 杏仁粉……20g
- 无盐黄油……40g
- 赤砂糖……30g
- 盐……1小撮

卡仕达酱

- 蛋黄……1个
- 牛奶……50mL
- 鲜奶油……2大匙
- 细砂糖……1大匙
- 玉米粉……1/2大匙
- 香草精……少许

杏仁奶油馅

- 杏仁粉……65g
- 无盐黄油……50g
- 细砂糖……35g
- 蛋清……1个
- 玉米粉……1大匙多
- 朗姆酒……1/2大匙

准备工作

· 将制作奶酥的黄油切成1.5cm的小丁，放在冰箱内冷藏。
· 将制作杏仁奶油馅的黄油和鸡蛋放置室温下回温。

做法

1 奶酥制作请参照p65。其中一半奶酥按照p65铺到模具内，剩下的奶酥（装进保鲜袋）放入冰箱内冷藏。

2 制作卡仕达酱。将牛奶、鲜奶油、细砂糖、玉米粉放入耐热容器内，用打蛋器搅拌均匀，不用覆盖保鲜膜，直接用微波炉（600W）加热1分30秒～2分钟，加热至沸腾时取出，迅速搅拌。加入蛋黄，搅拌均匀后，再用微波炉加热30秒～1分钟，沸腾后取出，加入香草精，搅拌均匀。

3 烤箱预热至180℃。参照p65制作杏仁奶油馅，将**2**的卡仕达酱倒入，用硅胶铲大致搅拌。

4 将**3**的奶油馅倒在**1**上，摊平后，撒上冷藏备用的奶酥，用手轻轻压平后，放入180℃的烤箱内烘烤40分钟左右。

烘焙点心盒

对于他，就算我什么都不说彼此也能心灵相通，因为他最懂我心。
即便如此，看着对方的眼睛，亲口跟他说心里话依旧很重要。
不要羞涩，不要吝惜，
把心里话明明白白、毫无保留地传达给他。
这种想法最近一直浮现在我的脑海里。

很高兴认识你、承蒙你多多关照、谢谢你、
今后还请多多指教、我喜欢你……
我将这些小心思都藏在点心里，
为你准备了6款精致点心盒。

希望这些装饰着花束的甜蜜蛋糕盒，
能够温柔地、深深地，
把人与人的心联结到一起。

1 黄油蛋糕组合

色彩缤纷的水果干，
与风味香醇的蜂蜜做成的焦糖。
使用足量的这两种材料烘烤出口感绵软的蛋糕。
用裱花嘴圈状挤出的曲奇饼干，口感酥脆。
滋味自然纯朴，适合搭配各种茶品。

蜂蜜焦糖蛋糕 / 糖渍水果蛋糕 / 曲奇饼干

2 松软玛德琳组合

让人充满怀念，口感松软的玛德琳，
放了较多的蛋黄，还添加了鲜奶油，散发着淡淡奶香。
选用圆形、较浅的纸质杯模，可以随时烘烤。
没有纸杯模，就直接用玛芬模具，面糊不要倒得太满。
这次我把招牌点心圆饼干做成了枫糖口味。

蜂蜜焦糖蛋糕

材料（8cm×3cm纸质迷你磅蛋糕模具6个）*

低筋面粉……100g
泡打粉……1/4小匙
无盐黄油……100g
赤砂糖……75g
蛋黄、蛋清……各2个
盐……1小撮
焦糖奶油
蜂蜜……40g
鲜奶油……70mL
装饰用朗姆酒……适量

*18cm×8cm×8cm的磅蛋糕模具1个，烤箱160℃烘烤45分钟左右。

准备工作

- 黄油放置室温下回温。
- 低筋面粉和泡打粉一并过筛。

做法

1 制作焦糖奶油。将蜂蜜倒入小锅内，开中火加热，用刮刀不断搅拌，待蜂蜜呈现焦茶色后，关火。然后一点点加入已用微波炉加热过的鲜奶油（注意防止奶油沸腾）。烤箱预热至160℃。

2 将软化的黄油和半份赤砂糖放入碗内，用手动打蛋器或电动打蛋器搅打至蓬松。然后，依次加入蛋黄（一个一个加入）、1，每加入一种材料，都需要充分搅拌均匀。

3 另取一只碗放入蛋清，然后一点点加入盐和剩下的半份赤砂糖，同时用电动打蛋器搅打成富有光泽、浓稠的蛋白霜。取一勺加入2内，以画圈的方式搅拌。然后依次加入半份粉类、半份蛋白霜、剩余的粉类、剩余的蛋白霜，用硅胶铲沿着碗底充分搅拌均匀。

4 倒入模具内，然后放入160℃的烤箱内烘烤30分钟左右。可以根据个人喜好，趁热用刷子涂上一层朗姆酒。

蜂蜜需要熬煮成浓稠状、呈焦茶色。这样混合到面糊中，焦糖味道才能更浓郁。

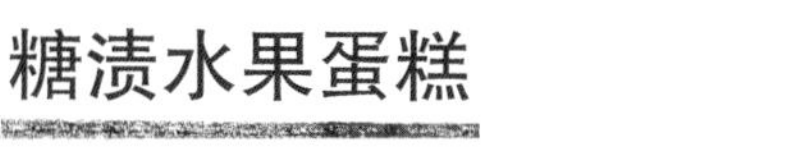

糖渍水果蛋糕

（8cm×3cm纸质迷你磅蛋糕模具7个）

→材料和做法请参照p51。模具的准备工作可以省略。放入160℃的烤箱内烘烤30分钟左右。

曲奇饼干

材料（直径3.5cm曲奇约40个）

低筋面粉……100g
杏仁粉……25g
无盐黄油……90g
糖粉……35g
鸡蛋……1/4个
盐……1小撮

准备工作

- 黄油放置室温下回温。
- 低筋面粉与泡打粉一并过筛。
- 烤盘铺上烘焙用纸。
- 烤箱预热至170℃。

做法

1 将变软的黄油、糖粉、盐放入碗内，用手动打蛋器或电动打蛋器搅打至蓬松。加入鸡蛋，筛入粉类，用硅胶铲大致搅拌一下。

2 将面糊倒入装有星型裱花嘴的裱花袋内，在烤盘上等距挤出直径3cm的圆圈，放入170℃的烤箱内烘烤15分钟。

2. 松软玛德琳组合

原味玛德琳

材料（直径6cm的纸质杯模9个）

a
- 低筋面粉……65g
- 杏仁粉……20g
- 泡打粉……1/8小匙
- 盐……1小撮

b
- 无盐黄油……50g
- 鲜奶油……2大匙
- 蜂蜜……1小匙

- 细砂糖……65g
- 鸡蛋……1个
- 蛋黄……1个

准备工作

- 将鸡蛋和蛋黄放置室温下回温。
- 材料a一并过筛。

做法

1 将b放入耐热容器中，用微波炉或隔水加热至溶化，然后一直隔热水保持温热。烤箱预热至160℃。

2 将鸡蛋、蛋黄、细砂糖放入碗内，用电动打蛋器高度打发至泛白、浓稠状态（提起打蛋器，液体呈丝带状滴落）。电动打蛋器调至低速，搅拌至细腻光滑。

3 依次加入a（筛入）、1（分2～3次加入），每加入一种材料都需要用硅胶铲沿着碗底迅速搅拌均匀。

4 倒入模具内，放入160℃的烤箱内烘烤18分钟左右。

奇亚籽玛德琳

材料（直径6cm的纸质杯模9个）

a
- 低筋面粉……60g
- 杏仁粉……20g
- 泡打粉……1/8小匙
- 盐……1小撮

b
- 无盐黄油……50g
- 鲜奶油……2大匙
- 蜂蜜……1小匙

- 细砂糖……65g
- 鸡蛋……1个
- 蛋黄……1个
- 奇亚籽……25g

准备工作与做法

同上。做法3改为依次加入a、奇亚籽、1的液体黄油，搅拌均匀。

枫糖圆饼干

材料（直径2.5cm的饼干约30个）

a
- 低筋面粉……80g
- 杏仁粉……40g
- 枫糖浆……20g
- 盐……1小撮

- 无盐黄油……45g
- 装饰用糖粉……适量

准备工作

- 黄油切成1.5cm的小丁，放入冰箱内冷藏备用。
- 烤盘铺上烘焙用纸。

做法

1 将a放入食物搅拌器内，搅拌3～5秒钟。然后加入黄油丁，反复开关电源，待所有材料搅拌成团后取出。抹平后，用保鲜膜包裹放入冷藏室内醒发1小时以上。

2 烤箱预热至170℃。将面团团成直径2.5cm的小球，等间距摆放在烤盘上，然后放入170℃的烤箱内烘烤15分钟左右。待完全冷却后，放入装有糖粉的保鲜袋内，摇晃几下，均匀粘上糖粉。

*手工制作时请参照p80。

3 红茶组合

红茶点心的魅力在于，加入茶叶就能呈现出不同的滋味与香气。
今天做的黄油蛋糕选用了颜色、风味都非常独特的阿萨姆红茶。
可可口味的司康则加入了散发着清新柠檬香气的伯爵红茶。
为了搭配任意口味的红茶，
我还做了一款没有添加茶叶的葡萄干司康，
沏上满满一壶红茶，
和大家一起细细品尝吧。

红茶大理石纹黄油蛋糕 / 可可红茶司康 / 葡萄干司康

4 咖啡组合

短暂的休息时间里稍微喘口气放松一下。
我非常喜欢 Coffee Break（咖啡时间），
能让日常张弛有度，是活跃思维、转换心情的小时间。
就算用热水冲一杯速溶咖啡，
再搭配几块小点心，也能让人充满喜悦。
根据心情挑选喜欢的点心，好好享受这短暂的充电时光吧。

3 红茶组合

红茶大理石纹黄油蛋糕

材料（18cm×8cm×8cm的磅蛋糕模具1个）

a
- 低筋面粉……85g
- 泡打粉……1/3小匙
- 盐……1小撮

- 无盐黄油……100g
- 细砂糖……90g
- 杏仁粉……30g
- 鸡蛋……2个

b
- 牛奶……1大匙
- 橘味利口酒（柑曼怡）……1/2大匙

c
- 红茶叶……4g（茶包2袋）
- 鲜奶油……50mL

准备工作

· 黄油、鸡蛋放置室温下回温。
· 将红茶叶切碎（茶包的话可直接使用）。
· 材料a一并过筛。
· 模具内铺上烘焙用纸。

做法

1 将材料c放入耐热容器内，用微波炉加热至即将沸腾。烤箱预热至160℃。
2 将变软的黄油、细砂糖放入碗内，用手动打蛋器或电动打蛋器搅打至蓬松。然后依次加入半份蛋液（一点点加入）、杏仁粉、剩余的蛋液（一点点加入），每加入一样材料，都需要充分搅拌均匀。
3 筛入a，用硅胶铲沿着碗底充分搅拌，然后再加入b，搅拌成富有光泽的面糊。取出1/3量的面糊与1混合，然后再倒回原来的碗内，用硅胶铲搅拌1～2次，搅拌出大理石花纹。
4 倒入模具内，放入160℃的烤箱内烘烤45分钟左右。

可可红茶司康

材料（直径5cm的司康12个）

a
- 低筋面粉……125g
- 可可粉……25g
- 泡打粉……1小匙
- 盐……1/4小匙

- 细砂糖……35g
- 红茶叶……4g（茶包2袋）

b
- 鲜奶油……150mL
- 蜂蜜……1/2大匙

准备工作

· 将红茶叶切碎（茶包的话可直接使用）。
· 烤盘铺上烘焙用纸。
· 烤箱预热至170℃。

做法

1 将a（筛入）、细砂糖、红茶叶放入碗内，用手动打蛋器以画圈式搅拌。然后加入b，用硅胶铲大致搅拌均匀后，再用硅胶铲按压着团成一团，最后用手轻轻快速揉成面团。
2 将面团12等分，团成球形，等距摆放在烤盘上，放入170℃的烤箱内烘烤18分钟左右。

葡萄干司康

材料（直径5cm的司康12个）

a
- 低筋面粉……150g
- 泡打粉……1小匙
- 盐……1/4小匙

- 细砂糖……30g

b
- 鲜奶油……150mL
- 蜂蜜……1/2大匙

- 葡萄干……60g

准备工作

· 烤盘铺上烘焙用纸。
· 烤箱预热至170℃。

做法

同上。加入b，待搅拌至还有干面粉残留时加入葡萄干，用硅胶铲按压着团成面团。

咖啡酥饼

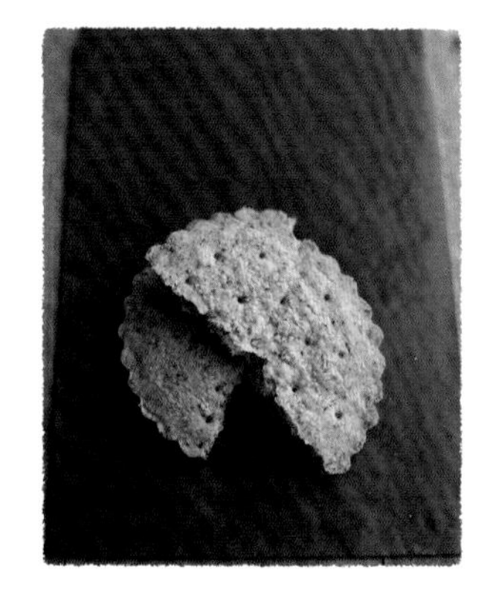

材料（直径12cm的派盘3个）

低筋面粉……150g
无盐黄油……90g
糖粉……35g
速溶咖啡粉……1大匙
盐……1小撮

准备工作

· 黄油切成1.5cm的小丁，放入冰箱内冷藏备用。
· 模具内涂上黄油（分量外）。

做法

1 将除黄油以外的所有材料放入食物搅拌器内，搅拌3～5秒。然后加入黄油丁，不停反复开关电源，将所有材料混合成团。
2 将面团3等分铺到派盘内，用手指按压平整，然后在底部用竹扦插上小孔。裹上保鲜膜，放在冰箱内冷藏30分钟以上。
3 烤箱预热至170℃。放入170℃的烤箱内烘烤25分钟左右。

*手工制作时请参照p80。

布朗尼

（4.5cm×4cm的迷你心形模具24个）
→材料与做法请参照p11。放入160℃的烤箱内烘烤15～18分钟。

核桃咖啡蛋糕

材料（直径16cm的圆柱状模具1个）

a { 低筋面粉……50g
a { 杏仁粉……30g
a { 泡打粉……1/4小匙
无盐黄油……60g
细砂糖……60g
蛋清……2个
盐……1小撮
{ 速溶咖啡粉……1½大匙
{ 咖啡利口酒……1大匙
核桃仁……60g

准备工作

· 将核桃仁切成细碎。
· 用利口酒将咖啡溶化。
· 材料a一并过筛。
· 模具内涂上黄油、撒上面粉（均分量外）。

做法

1 将黄油放入耐热容器中，用微波炉或隔水加热至熔化，然后一直隔热水保持温热。烤箱预热至160℃。
2 将蛋清放入碗内，然后一点点加入盐和细砂糖，同时用电动打蛋器搅打成富有光泽、浓稠的蛋白霜。
3 依次加入a（筛入）、核桃碎，用硅胶铲搅拌，待还有干面粉残留时，分两次加入1，用硅胶铲沿着碗底迅速搅拌。然后加入混合好的咖啡和利口酒，搅拌均匀。
4 倒入模具内，放入160℃的烤箱内烘烤30分钟左右。

5 迷你挞类组合

我想把这盒点心送给那些每天笑容满面、辛勤工作的闺蜜们。
挞派都做成了小尺寸，虽然只有手掌大，
但仍可以品尝到酥脆的挞皮、足量浓郁的奶油馅。
用玛芬模具烘烤的烤奶酪蛋糕，
呈现出美丽的大理石纹，散发着独特的肉桂香气，
这是三款具有美容与健康功效的芬芳糕点。

迷你西梅干挞 / 迷你坚果挞 / 肉桂大理石纹奶酪蛋糕

6 费南雪组合

岁末、年初拜访亲友时，选用日式材料制作而成的点心，
能给人浓厚的和风气息。
颇具人气的费南雪原本需要加入焦香黄油，
但是我给改成了口感温润的黄油风味，
用直径 4.5cm 的玛芬模具烘烤出小巧玲珑的蛋糕。
加入柚子茶的迷你戚风蛋糕，可以搭配煎茶享用。

黑芝麻费南雪／紫薯费南雪／柚子茶迷你戚风蛋糕

迷你西梅干挞

材料（直径6cm的纸质杯模10个）

奶酥

低筋面粉	60g
杏仁粉	25g
无盐黄油	40g
细砂糖	25g
盐	1小撮

杏仁奶油

杏仁粉	65g
无盐黄油	50g
细砂糖	40g
鸡蛋	1个
低筋面粉	1大匙多
朗姆酒	1大匙
西梅干	90g

准备工作

· 将奶酥配料中的黄油切成1.5cm的小丁，放入冰箱内冷藏备用。
· 将杏仁奶油配料中的黄油和鸡蛋放置室温下回温。

做法

1 制作奶酥。将除了黄油以外所有制作奶酥的材料放入食物搅拌器内搅拌3～5秒。加入黄油，不停地重复搅拌多次，呈颗粒状时取出。
2 将1铺在派盘底部，用手指按压平整，然后用叉子在底部插出小孔，包裹上保鲜膜放在冰箱内冷藏。烤箱预热至180℃。
3 制作杏仁奶油馅。将变软的黄油、细砂糖放入碗内，用打蛋器搅拌均匀，然后依次加入杏仁粉、全蛋液（一点点加入）、低筋面粉（筛入）、朗姆酒，搅拌均匀。然后加入切碎的西梅干，用硅胶铲搅拌均匀。
4 将3的奶油馅倒在2上，摊平，放入180℃的烤箱内烘烤25分钟左右。
*手工制作奶酥请参照p80。

迷你坚果挞

材料（直径6cm的纸质杯模10个）

奶酥

低筋面粉	60g
杏仁粉	25g
无盐黄油	40g
细砂糖	25g
盐	1小撮

杏仁奶油

杏仁粉	65g
无盐黄油	50g
细砂糖	40g
鸡蛋	1个
低筋面粉	1大匙多
橘味利口酒（柑曼怡）	1大匙
喜欢的坚果	90g

准备工作

· 坚果放入160℃的烤箱内烘烤6～8分钟，冷却后，切碎。
· 将奶酥配料中的黄油切成1.5cm的小丁，放入冰箱内冷藏备用。
· 将杏仁奶油配料中的黄油和鸡蛋放置室温下回温。

做法

同上。可以用柑曼怡替代朗姆酒、用坚果替代西梅干（这里使用了夏威夷果）。

肉桂大理石纹奶酪蛋糕

材料（直径7cm的玛芬模具6个）

奶油奶酪	150g
酸奶油	80g
鲜奶油	80mL
细砂糖	55g
鸡蛋	1个
低筋面粉	2大匙
肉桂粉	1小匙
盐	1小撮

准备工作

· 将奶油奶酪、酸奶油、鸡蛋放置室温下回温。
· 模具内铺上纸杯。
· 烤箱预热至160℃。

做法

1 将变软的奶油奶酪、酸奶油、细砂糖、盐放入碗内，用打蛋器搅拌均匀，然后依次加入鲜奶油、鸡蛋、低筋面粉（筛入），每加入一种材料，都需要搅拌均匀。
2 取出1/3量的1加入肉桂粉，搅拌均匀后，再倒回1的碗内。用硅胶铲大幅度搅拌1～2次，呈现出大理石纹路。
3 倒入模具内，放入160℃的烤箱内烘烤30分钟左右。稍微散热后，脱模，放入冰箱冷藏室内充分冷藏。

黑芝麻费南雪

材料（直径4.5cm的玛芬模具24个）

a
- 低筋面粉……40g
- 杏仁粉……50g
- 泡打粉……1/4小匙

- 研碎的黑芝麻……30g
- 无盐黄油……100g
- 细砂糖……80g
- 蛋清……3个
- 蜂蜜……1大匙
- 盐……1小撮

准备工作

· 材料a一并过筛。
· 模具内铺上纸杯。

做法

1 将黄油放入耐热容器中，用微波炉或隔水加热至熔化，然后容器一直隔热水保持温热。烤箱预热至170℃。
2 将蛋清、细砂糖、蜂蜜、盐放入碗内，用打蛋器搅拌（无须打发）。加入a和黑芝麻，画圈式搅拌，再加入1，继续搅拌均匀。
3 倒入模具内，放入170℃的烤箱内烘烤18～20分钟。

紫薯费南雪

材料（直径4.5cm的玛芬模具24个）

a
- 低筋面粉……40g
- 杏仁粉……50g
- 紫薯粉……30g
- 泡打粉……1/4小匙

- 无盐黄油……100g
- 细砂糖……80g
- 蛋清……3个
- 蜂蜜……1大匙
- 柠檬汁……1/2小匙
- 盐……1小撮

准备工作与做法

同上。最后加入柠檬汁，搅拌均匀。

紫薯粉就是将紫薯用炭火烘干后磨制而成的粉。紫薯粉松软香甜，常用于烘焙曲奇饼干和面包。

柚子茶迷你戚风蛋糕

材料（直径7cm×高7cm的纸杯6～7个）

- 低筋面粉……70g
- 泡打粉……1/4小匙
- 细砂糖……35g
- 蛋黄、蛋清……各3个
- 色拉油……40mL
- 柠檬汁……1小匙
- 盐……1小撮
- 柚子茶（参照p80）……90g

准备工作

· 低筋面粉和泡打粉一并过筛。
· 烤箱预热至160℃。

做法

1 将蛋黄放入碗内，用打蛋器搅打均匀，然后依次加入柠檬汁和柚子茶、色拉油（一点点加入）、粉类，每加入一种材料都需要搅拌均匀。
2 另取一只碗放入蛋清，一点点加入盐和细砂糖，同时用电动打蛋器打发成富有光泽的蛋白霜。舀一勺放入1内，以画圈式搅拌均匀，再加入半份的蛋白霜，用硅胶铲沿着碗底轻轻搅拌均匀。然后倒回盛有蛋白霜的碗内，沿着碗底搅拌均匀。
3 倒入模具内，放入160℃的烤箱内烘烤18～20分钟。

*手工制作枫糖圆饼干（p71）时……

1 将放在室温下变软的黄油、枫糖浆、盐放入碗内，用手动打蛋器或电动打蛋器搅打至泛白、蓬松。
2 一次性加入过筛的低筋面粉和杏仁粉，用硅胶铲大致搅拌。揉成面团后放入冰箱内冷藏。之后的做法与步骤**2**相同。

*手工制作咖啡酥饼（p75）时……

将放置室温下的黄油、糖粉、速溶咖啡、盐放入碗内，用手动打蛋器或电动打蛋器搅打至蓬松。筛入低筋面粉，用硅胶铲大致搅拌。之后的做法与步骤**2**相同。

*手工制作迷你西梅干挞（p78）时……

将除黄油以外的材料全部放入碗内，用手动打蛋器画圈式搅拌。然后加入切成1.5cm的黄油丁，用手指尖将黄油与粉类搓成粗糙的颗粒状。

散发出温和清爽香味的柚子茶，用热水一冲便可以享用了。我经常把喝的柚子茶当成果酱使用。柚子茶迷你戚风蛋糕（p79）就是加入了柚子茶制作而成的。

点心包装

为了更好地保存点心。
需要进行简单包装。
我个人非常喜欢简洁、实用的包装，
包装不需要多么华丽，无论是赠予者还是接受者，
彼此都不会产生压力才是最重要的。

饼干

a 将圆饼干与干燥剂（硅胶）一并放入透明塑料袋内，袋口折叠好以后用麻绳绑紧。用麻绳或纸绳感觉比较随意；如果用蝉翼纱等丝带可以营造出高贵的感觉。

b 整个袋子装满饼干固然令人欢心，但是每袋只放2～3片尝尝鲜，也十分简单可爱。如果是圆饼干，就先整齐码放在细长的透明塑料袋内，再系上散发着随意感的纸绳。也可以将圆饼干装在细长的袋子内，垂直叠放也很可爱。

c 将饼干与干燥剂放在蛋糕盒内，再装进透明塑料袋内。用封口机（利用热度将袋口熔化封口的机器）封住袋口，再贴上装饰贴纸就好了。如果是曲奇饼干，可以码放整齐再包装。

a

b

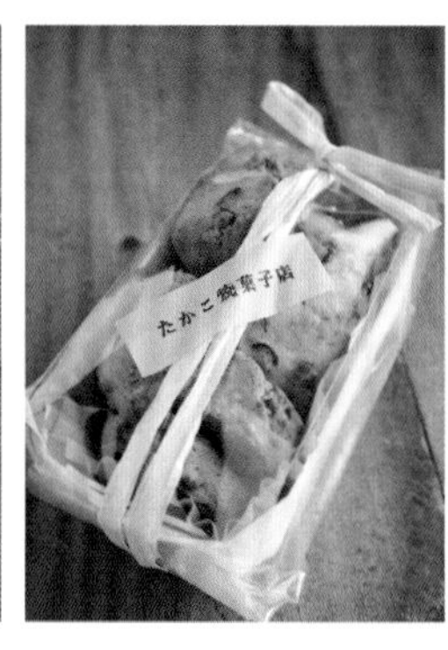

c

黄油蛋糕

a 用纸质迷你磅蛋糕模具烘烤的黄油蛋糕可以直接装在透明袋子内，用封口机在靠近蛋糕的位置封好袋口后，将袋子多余的部分折到背面用贴纸固定，最后用纸绳连同标签绑成十字形。

b 将用磅蛋糕模烤好的黄油蛋糕切片，一片一片装在透明塑料袋子内。这是自带粘胶的透明塑料袋，可以简单封好袋口，十分方便。只是这样包装，有些过于简陋，于是我又贴上了自己设计的贴纸。

c 将用磅蛋糕模烤好的黄油蛋糕切片后，每两片装入一个透明塑料袋内，用胶带封好口后，系上蓝色的麻绳，最后用贴纸固定。蛋糕切的较薄时可以两片叠放一起包装，如果切片较厚，可以单片独立包装。

a

b

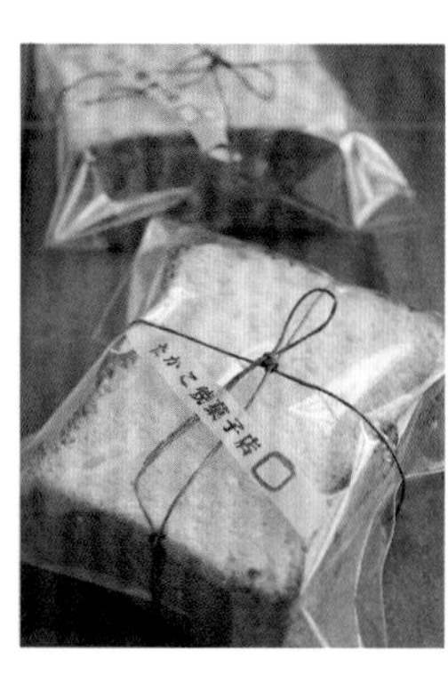

c

迷你蛋糕卷

a 可以尝试将纸质模具当作蛋糕盒。铺上一层用手揉皱的蜡纸，再放入一块切得稍厚的蛋糕卷，装到透明塑料袋内，再系上粉红丝带即可。图示中的袋子使用了印有英文字母的透明塑料袋。

b 将切成适当长度的蛋糕卷放在蜡纸上，像包糖果那样卷起来，蜡纸两端旋转扭紧，再绑上粉红丝带就大功告成了。也可以用烘焙用纸或透明塑料纸替代蜡纸。

a

b

HONEY
HONEY
HONEY

第2章

多佳子咖啡店食谱

本章介绍了各种小点心，
可打包带回的点心、根据季节和月份推荐的蛋糕、
可以边聊天边喝茶享用的点心、
还有饭后想吃上一块的冷点……
那么，下面一起悠闲自得地阅读每一页的食谱吧。

可打包带回的点心

适合当作礼物或伴手礼的烘焙点心组合。
也可以只装一种点心，
但是为了让朋友尝到更多的口味，
这个点心盒里放了三种点心。
饼干和奶酪蛋糕是时令食谱，
会根据季节交替推出新口味。

① 圆饼干组合

外表裹着糖粉的圆饼干，非常讨人喜欢，
是我最引以为傲的点心。
因为制作步骤极为简单，
可以一次制作多种口味。
在众多大家喜欢的口味中，
今天选择了可可、榛子、艾登奶酪三种口味。

② 棒状奶酪蛋糕组合

将烤成正方形的奶酪蛋糕切成棒状，
再用玻璃纸和包装纸包成糖果状。
单独一条也很可爱，
但是将多条码放在盒子内更有趣。
棒状奶酪蛋糕便于携带、便于食用，让人忍不住想尝试多种口味。
即使一次做了好几种口味，只要冷冻保存即可。
想吃多少就切多少，然后放在冷藏室内解冻。

圆饼干组合

①可可味

大家都知道我喜欢喝茶和咖啡，但是没人知道我也很迷恋可可。夏天我会泡一杯冰可可，并放上打发的鲜奶油；冬天我会泡上一杯热可可，再放几颗棉花糖。在寒冷的冬季，用珐琅小锅煮热可可，真是一款温暖身心的热饮。正因如此，我在用可可粉制作点心时，也倾注了爱意。可可味的圆饼干具有酥脆温和的口感，浑身散发着可可的风味与色彩。可以冷藏或冷冻，冷藏后食用，冰凉爽口，美味不减。

材料（直径2.5cm的饼干30个）

低筋面粉……60g
杏仁粉……45g
可可粉……10g
无盐黄油……45g
细砂糖……25g
盐……1小撮
装饰用糖粉……适量

准备工作

・黄油切成1.5cm的小丁，放入冰箱内冷藏备用。
・烤盘铺上烘焙用纸。

做法

1 将低筋面粉、杏仁粉、可可粉、细砂糖、盐放入食物搅拌器内，搅拌3～5秒钟。加入黄油，反复开关电源，搅拌成团后取出。抹平后裹上保鲜膜，放入冰箱内冷藏1小时以上。

2 烤箱预热至170℃。将面团团成2.5cm的小球，等距摆放在烤盘上，放入170℃的烤箱内烘烤15分钟左右。待完全冷却后，放入装有糖粉的保鲜袋内，摇晃几下，均匀粘上糖粉。

＊手工制作时……
1　将放在室温下变软的黄油放入碗内，用手动打蛋器或电动打蛋器搅打成奶油状，然后加入细砂糖和盐，搅打至泛白、蓬松。
2　将一并过筛的低筋面粉、杏仁粉、可可粉一次性全部加入，用硅胶铲大致搅拌。揉成团后放入冰箱内冷藏。之后的做法同上述步骤**2**。

选用没有添加砂糖和牛奶的可可粉。最喜欢法国Peck公司和法芙娜公司出品的可可粉。无论是风味还是香味，都无可挑剔。

圆饼干组合

②榛子味

加入速溶咖啡粉就变成榛果风味的咖啡饼干了。

材料（直径2.5cm的饼干30个）

低筋面粉……70g
榛果粉……25g
杏仁粉……20g
无盐黄油……45g
细砂糖……20g
盐……1小撮
装饰用糖粉……适量

准备工作

· 黄油切成1.5cm的小丁，放入冰箱内冷藏备用。
· 烤盘铺上烘焙用纸。

榛果粉是用榛树果实连皮一起磨制而成。我喜欢搭配上杏仁粉使用。

做法

1 将低筋面粉、榛果粉、杏仁粉、细砂糖、盐放入食物搅拌器内，搅拌3～5秒钟。加入黄油，反复开关电源，搅拌成团后取出。抹平后裹上保鲜膜，放入冰箱内冷藏1小时以上。

2 烤箱预热至170℃。将面团团成2.5cm的小球，等距摆放在烤盘上，放入烤箱内烘烤15分钟左右。待完全冷却后，放入装有糖粉的保鲜袋内，摇晃几下，均匀粘上糖粉。

圆饼干组合

③奶酪味

添加了味道独特、咸香浓郁的艾登奶酪，可以少放一些砂糖，还可以根据个人喜好添加香料或香草。

材料（直径2.5cm的饼干30个）

低筋面粉……70g
艾登奶酪粉……20g
无盐黄油……45g
细砂糖……20g
盐……1小撮
核桃仁……35g
装饰用糖粉……适量

准备工作

· 核桃仁放入160℃烤箱内烘烤6～8分钟，冷却切碎备用。
· 黄油切成1.5cm的小丁，放入冰箱内冷藏备用。
· 烤盘铺上烘焙用纸。

做法

1 将低筋面粉、艾登奶酪粉、细砂糖、盐放入食物搅拌器内，搅拌3～5秒钟。加入黄油和核桃，反复开关电源，搅拌成团后取出。抹平后裹上保鲜膜，放入冰箱内冷藏1小时以上。

2 烤箱预热至170℃。将面团团成2.5cm的小球，等距摆放在烤盘上，放入烤箱内烘烤15分钟左右。待完全冷却后，均匀粘上糖粉。

*手工制作②和③时
请参照p86。③在加入低筋面粉时，一并加入艾登奶酪粉和核桃碎。

棒状奶酪蛋糕组合

①咖啡味

数年前我一口咖啡都不喝，可是现在我对咖啡爱得无法自拔。我还会用方便快捷的速溶咖啡、研磨极细的咖啡豆、浓醇的意式浓缩咖啡、咖啡利口酒等材料制作各类咖啡风味的甜点。曾经有位很厉害的女性教我制作蒲公英咖啡，味道非常奇妙，让我怀疑："这真的是蒲公英吗？"如今蒲公英咖啡粉也是我制作甜点的优质原料之一，下次我会做一款蒲公英咖啡风味的奶酪蛋糕，敬请期待吧。

材料（15cm×15cm正方形模具1个）

奶油奶酪…… 120g
细砂糖…… 40g
鸡蛋…… 1个
鲜奶油…… 120mL
速溶咖啡粉…… 1大匙
低筋面粉…… 2大匙
炼乳…… 1½大匙
盐…… 1小撮
粗粮饼干…… 约7块（65g）
无盐黄油…… 30g

准备工作

- 将奶油奶酪、鸡蛋放置室温下回温。
- 咖啡用鲜奶油溶化。
- 模具内铺上烘焙用纸。

做法

1 将饼干放入保鲜袋内，用擀面杖擀成碎屑。加入已用微波炉加热熔化的黄油，搅拌均匀后倒入模具内，然后用汤匙按压平整，放入冰箱内冷藏。烤箱预热至160℃。

2 将变软的奶油奶酪、细砂糖、盐放入碗内，用打蛋器搅拌均匀，然后依次加入鸡蛋、混匀的咖啡和鲜奶油、炼乳、低筋面粉（筛入），每加入一种材料，都需要充分搅拌均匀（也可用食物搅拌器搅拌）。

3 将面糊过筛倒入模具内，放入160℃的烤箱内烘烤40分钟左右。稍微散热后，连同模具一并放入冰箱内充分冷却，然后脱模，切成棒状。

棒状奶酪蛋糕组合

②核桃味

切成棒状时，不要切掉两端，棒状蛋糕非常适合这种粗犷、自然的风格。

材料（15cm×15cm正方形模具1个）

奶油奶酪………… 120g
酸奶油…………… 30g
细砂糖…………… 40g
鸡蛋…………………1个
鲜奶油………… 120mL
低筋面粉………1大匙多
蜂蜜…………… 2 小匙
盐…………………………1小撮
核桃仁……………………50g
粗粮饼干……… 约7块（65g）
无盐黄油…………………… 30g

准备工作

- 核桃仁放入160℃的烤箱内烘烤6～8分钟，冷却切碎备用。
- 将奶油奶酪、酸奶油、鸡蛋放置室温下回温。
- 模具内铺上烘焙用纸。

做法

1. 饼干底做法同p88。烤箱预热至160℃。
2. 将变软的奶油奶酪、酸奶油、细砂糖、盐放入碗内，用打蛋器搅拌均匀，然后依次加入蜂蜜、鲜奶油、鸡蛋、低筋面粉（筛入），每加入一种材料，都需要充分搅拌均匀。将面糊过筛，加入核桃碎搅拌均匀。
3. 倒入模具内，放入160℃的烤箱内烘烤40分钟左右。稍微散热后，连同模具一并放入冰箱内充分冷却。

棒状奶酪蛋糕组合

③红豆大理石纹

用红豆沙做成的漂亮的淡紫色大理石纹，在黑色奥利奥饼干底的衬托下更加绚丽。

材料（15×15cm正方形模具1个）

奶油奶酪……………… 120g
酸奶油………………… 50g
细砂糖………………… 50g
鸡蛋…………………… 1个
鲜奶油……………… 100mL
低筋面粉…………… 2½大匙
盐…………………… 1小撮
市售红豆沙……………… 50g
奥利奥饼干（除去奶油）…………………… 约10组（65g）
无盐黄油……………… 30g

准备工作

- 将奶油奶酪、酸奶油、鸡蛋放置室温下回温。
- 模具内铺上烘焙用纸。

做法

1. 饼干底做法同p88。烤箱预热至160℃。
2. 将变软的奶油奶酪、酸奶油、细砂糖、盐放入碗内，用打蛋器搅拌均匀，然后依次加入鲜奶油、鸡蛋、低筋面粉（筛入），每加入一种材料，都需要充分搅拌均匀。
3. 将面糊过筛，取1/3量放入另一只碗内，加入红豆沙，充分搅拌均匀，再倒回原来的碗内，用硅胶铲大致搅拌1～2次，呈现出大理石纹。倒入模具内，放入160℃的烤箱内烘烤40分钟左右。稍微散热后，连同模具一并放入冰箱内充分冷却。

③ 巧克力组合

用巧克力烘焙点心，
可以品尝到不同点心带给味蕾的不同体验。
将喜欢的点心放入袋子或盒子内，
肉桂风味的巧克力蛋糕、
贝壳造型的巧克力玛德琳、
加入香橙烘焙而成的可可费南雪……
无论哪款点心，都深受男女老少的喜爱。

takako's
deli cafe

巧克力组合

①肉桂巧克力蛋糕

用玛芬模具烘烤而成的口感清新的巧克力小蛋糕。与原味圆饼干一样，我已经连续烘焙过好多年了。刚出炉的蛋糕表面酥脆、内里松软。放置后，随着时间流逝，味道更加浓郁，口感变得温润。一次烘烤大量巧克力蛋糕，出炉冷却后，我会仔细一个一个包装好。放在塑料袋内，用麻绳绑上自己设计的标签，再系紧袋口。今天烘烤的巧克力蛋糕加入了少许肉桂粉，打开包装袋，会有甜蜜的肉桂香味飘出来。

材料（直径7cm的玛芬模具14个）

点心专用巧克力（半甜）	120g
无盐黄油	100g
细砂糖	75g
低筋面粉	50g
肉桂粉	1小匙
蛋黄	2个
蛋清	3个
鲜奶油	50mL
盐	1小撮

准备工作

- 巧克力切碎备用。
- 低筋面粉与肉桂粉一并过筛备用。
- 模具内铺上纸杯。
- 烤箱预热至160℃。

做法

1 将巧克力与黄油放入耐热容器内，用微波炉或隔水加热至熔化。然后依次加入鲜奶油、蛋黄、粉类，用打蛋器搅拌至顺滑。

2 另取一只碗放入蛋清，然后一点点加入盐和细砂糖，用电动打蛋器打发成富有光泽、浓稠的蛋白霜。取出一勺倒入**1**内，以画圈式搅拌均匀，然后加入一半的蛋白霜，用硅胶铲沿着碗底仔细搅拌，搅拌均匀后再倒回盛有蛋白霜的碗内，迅速搅拌均匀。

3 面糊倒进模具内，放入160℃的烤箱内烘烤15～20分钟。

肉桂粉的用量可根据个人喜好增减。也可以参照p117介绍的“辣味戚风蛋糕”，将各种香料混合后使用。

巧克力组合

②巧克力玛德琳

用贝壳模具烘焙而成的玛德琳，更加优雅出众。为了展现模具细腻的图案效果，模具的准备工作一定要细致。

材料（6.5cm×6.5cm的贝壳模具18个）

a
- 低筋面粉……40g
- 杏仁粉……40g
- 可可粉……20g
- 泡打粉……1/3小匙
- 细砂糖……70g
- 盐……1小撮

- 无盐黄油……90g
- 鸡蛋……2个
- 蜂蜜……1大匙
- 牛奶……1大匙
- 朗姆酒……1/2大匙

准备工作

- 鸡蛋放置室温下回温。
- 模具内涂上一层黄油，再撒上一层面粉（均分量外）。
- 烤箱预热至180℃。

做法

1 将材料a一并筛入碗内，中间挖个洞，加入全蛋液、蜂蜜、牛奶、朗姆酒。用打蛋器轻轻打散，搅拌均匀。然后加入已用微波炉加热至熔化的黄油（温热），搅拌至光滑。

2 将面糊倒入模具内，放入180℃的烤箱内烘烤12分钟左右。脱模后，冷却。

巧克力组合

③可可费南雪

费南雪是一款形似金条的点心。希望大家品尝着美味的点心，幸福地攒着钱，成为内心满足的富豪。

材料（9.5cm×5cm的费南雪模具12个）

a
- 低筋面粉……35g
- 杏仁粉……50g
- 可可粉……15g
- 泡打粉……1/4小匙

- 无盐黄油……100g
- 细砂糖……80g
- 蛋清……3个
- 蜂蜜……1大匙
- 盐……1小撮
- 香橙片*（蜜饯橙皮）…60g

*参照p119。

准备工作

- 将香橙片切碎。
- 模具内涂上一层黄油，再撒上一层面粉（均分量外）。
- 烤箱预热至180℃。

做法

1 将黄油放入小锅内，用小火慢慢煮成浅咖色至深咖色，做成焦化黄油（注意黄油不要煮成黑色）。

2 将全蛋清、细砂糖、蜂蜜、盐放入碗内，用打蛋器搅打至浓稠（无须打发）。将材料a一并筛入碗内，以画圈的方式搅拌，然后依次加入香橙碎、1的黄油，搅拌至细腻光滑。

3 将面糊倒入模具内，放入180℃的烤箱内烘烤15分钟左右。脱模后，冷却。

时令蛋糕

即使每日生活忙碌，身体也能感受到季节的更迭。
随着季节的变化，我们对甜点的需求，
已经从脑海里传递到双手上，静静地快要溢出来。
一边收集着时光，一边烘烤着甜点，
于我是最幸福、最治愈的光阴。
慢慢把春天包裹住的蛋糕卷、
给夏日带来清凉的生奶酪蛋糕、
温暖冬日的热巧克力蛋糕，
这些凝聚了思念和心意的时令蛋糕，
按照月份，传递到你的手上。

材料（直径10cm的圆形模具5个）*

低筋面粉……………………………………………… 70g
糖粉……………………………………………… 60g
蛋黄……………………………………………… 2个
蛋清……………………………………………… 3个
牛奶……………………………………………… 1大匙
盐……………………………………………… 1小撮
a { 鲜奶油……………………………………………… 150mL
细砂糖……………………………………………… 1小匙
朗姆酒或喜欢的利口酒…………………………… 1小匙 }
糖粉、装饰用草莓、薄荷叶………………………… 各适量

*直径7cm的玛芬模具12个。

准备工作

- 低筋面粉过筛备用。
- 模具内涂上一层黄油，再撒上一层面粉（均分量外）。
- 烤箱预热至180℃。

做法

1 将蛋黄、一半糖粉放入碗内，用打蛋器搅打至蓬松黏稠，然后加入牛奶迅速搅拌。

2 另取一只碗放入蛋清，然后一点点加入盐和细砂糖，用电动打蛋器打发成富有光泽、浓稠的蛋白霜。取出一勺倒入1内，以画圈式搅拌均匀，然后分两次加入剩余的蛋白霜，用硅胶铲沿着碗底仔细搅拌。筛入低筋面粉，用硅胶铲沿着碗底翻拌均匀。

3 将面糊倒入模具内，用滤茶器在表面筛上一层糖粉，放入160℃的烤箱内烘烤15分钟左右。脱模，冷却。

4 将鲜奶油、细砂糖、朗姆酒或利口酒放入碗内打发至蓬松（七八分打发）。用手将蛋糕表面撕出十字形，然后用裱花袋注入鲜奶油（或用汤匙填入），装饰上草莓块、薄荷叶、糖粉。

烤好的泡芙蛋糕高度稍低于模具。可以使用活底的圆形模具或浅底模具（底部较窄的浅圆模具），更便于脱模。

4 月蛋糕 /

草莓泡芙蛋糕

阳光明媚的春日。4月，温柔的春风拂面而来，夹杂着些许温暖与凉意，仿佛有什么好事即将发生，内心也忍不住雀跃起来。新年度、新生活、新开始的一页即将翻开，虽然心怀梦想，但总是有些许不安。每个成年人或许都会有这种感觉，我想一款甜蜜的小点心或许能帮你舒缓这些紧张与不安。只看一眼、尝一口，就让你心情舒畅的美味小甜点、能给大家带来幸福感的小甜点，松软的金黄色酥皮搭配质地轻盈的鲜奶油，再装饰上鲜艳的草莓，这就是属于这个季节的草莓泡芙蛋糕。

4 月蛋糕 /

煎茶蛋糕卷

樱花把春天装饰成了粉红色，新绿在阳光的沐浴下越发耀眼。这不禁让我想起，新茶快上市了吧。去茶室点一款高雅的点心，配一壶新茶慢慢享用，回去的时候再买些新茶送给自己，这是我在春日里最美好的享受。在家烤一些加入茶叶的甜点，享受独特私人下午茶时光也是不错的选择。与日本新茶共同迎接这美好春日的还有大吉岭的春摘茶（First Flush），清爽的口感中带着微微的涩味和甜味，浅橙色的茶水充满魅力，让原本只钟爱奶茶的我，也赶紧冲一杯红茶尝尝鲜。

材料（24cm×24cm烤盘1个）

海绵蛋糕坯

- 低筋面粉……35g
- 细砂糖……45g
- 鸡蛋……2个
- 蛋黄……1个
- 鲜奶油……3大匙
- 煎茶茶叶（切碎）……约1大匙（6g）

奶油

- 鲜奶油……80mL
- 炼乳……1/2大匙

*用30cm×30cm烤盘制作时，材料增加为1.5倍，烘焙时间不变。

准备工作

- 将鸡蛋、蛋黄放置室温下回温。
- 低筋面粉过筛。
- 烤盘铺上烘焙用纸（或半透明纸）。
- 烤箱预热至180℃。

做法

1 制作海绵蛋糕坯。将鸡蛋、蛋黄、细砂糖放入碗内，隔热水用电动打蛋器高速打发，待温度与人体体温接近时，从热水中取出，打发至浓稠（提起打蛋器时，液体呈丝带状滴落）。将电动打蛋器调至低速，搅打成光滑的面糊。

2 筛入低筋面粉和煎茶茶叶。用硅胶铲沿着碗底搅拌至蓬松、有光泽的状态。将用微波炉加热的鲜奶油倒入面糊内，迅速搅拌。

3 将面糊倒入烤盘内，抹平。然后放入180℃的烤箱内烘烤10分钟。将蛋糕从烤盘上取下来，连同烘焙用纸一并冷却（待稍微冷却后，铺上保鲜膜）。

4 另取一只碗放入制作奶油的材料，用打蛋器搅拌至蓬松状（七八分打发）。取下海绵蛋糕上的烘焙用纸，将烤出颜色的一面放在纸上，将蛋糕末端斜切平整，便于卷成型。将打发好的奶油涂抹在蛋糕上，然后沿着靠近自己的一侧开始卷，卷成蛋糕卷后用保鲜膜包裹放入冰箱内冷藏1小时以上，固定形状。

使用不同的茶叶，煎茶呈现的色泽和香味都会有所差异。可以选用好喝的、自己喜欢的茶叶。

24cm×24cm的迷你蛋糕卷烤盘非常好用，可以轻松将材料聚集起来，烤好的蛋糕也非常容易卷成型。我非常喜欢用这款烤盘，可以说到了溺爱的程度。

5 月蛋糕 /

香蕉椰子戚风蛋糕

香蕉一年四季都可以买得到，我不太喜欢直接食用，而是喜欢把它碾碎后烘焙成美味的蛋糕。就像我不喜欢吃煮熟的萝卜，而喜欢生吃萝卜一样，我的喜好和味觉确实有些奇特。戚风蛋糕一般都用直径 17cm 的戚风蛋糕模烘烤，今天选用了直径 10cm 的蛋糕模，正好是两人份的量，可以跟喜欢的人一同分享。只有跟最信赖、最亲近的人分享一块蛋糕，才能感受到蛋糕的美味。身边有一位能与自己分享美味甜点的人，真是再幸福不过了。

材料（直径10cm戚风蛋糕模4个）

低筋面粉…… 60g
泡打粉……1/2小匙
细砂糖…… 60g
椰子粉…… 30g
蛋黄、蛋清…… 各3个
色拉油…… 2大匙+1小匙
盐…… 1小撮
香蕉……1小根（净重60g）
装饰用鲜奶油、焦糖、蓝莓、薄荷叶、糖粉…… 各适量

*直径17cm的戚风蛋糕模1个，160℃烘烤时间30分钟。

准备工作

- 香蕉去皮，用叉子碾碎。
- 低筋面粉、泡打粉一并过筛。
- 烤箱预热至160℃。

做法

1. 将蛋黄、1/3量的细砂糖放入碗内，用打蛋器搅拌均匀，然后依次加入色拉油（多次少量加入）、香蕉、椰子粉、粉类，每加入一次材料都需充分搅拌均匀。
2. 另取一只碗，放入蛋清，一点点加入盐和剩余的细砂糖，用电动打蛋器打发成富有光泽、浓稠的蛋白霜。舀出一勺放入1内，用画圈的方式搅拌均匀，然后再加入一半剩下的蛋白霜，用硅胶铲沿着碗底轻轻搅拌。搅拌均匀后将其倒入盛有蛋白霜的碗内，继续沿着碗底翻拌至看不到白色为止。
3. 将蛋糕糊倒入模具内，轻轻晃动模具让蛋糕糊更加均匀。然后放入160℃的烤箱内烘烤20分钟左右（用竹扦插入正中央，如果没有粘上黏稠的面糊，即可出炉）。将模具倒扣，待完全冷却。脱模时，用小刀沿着模具侧面与蛋糕之间划一圈，拆下模具和筒身部分。模具底部与蛋糕之间也需要用刀划一圈再脱模。撒上少许细砂糖（分量外），表面涂上打发的鲜奶油，淋上焦糖，装饰上薄荷叶和糖粉。

*焦糖的做法（便于操作的分量，约100mL）
在小锅内放入80g细砂糖、1/2大匙水，开中火加热，无须摇晃锅，让细砂糖慢慢溶化，待呈现出咖啡色后，晃动锅让颜色混合均匀，待变成焦茶色后，关火。然后分次加入三大匙热水（小心热水飞溅）、20g黄油、1小撮盐，搅拌均匀。

这里使用的椰子粉是“细椰子粉”，如果换成“椰蓉”，口感会更富有层次。

6 月蛋糕 /

红茶茅屋芝士蛋糕

阴雨绵绵的6月，洗好的衣服总是干不了、心爱的鞋子和衣服都被雨淋湿了，让人忍不住抱怨，心情也容易低落。梅雨暂停的晴日，仰望天空中那道美丽的彩虹、盛开的紫阳花在雨中摇曳的身姿、一个人在雨夜里开车兜风……这个梅雨季节里也有很多闪光的瞬间。还可以在家烘烤一些女士喜欢的点心和红茶奶酪蛋糕，邀请闺蜜们来家里畅谈，也是驱走忧郁的好办法。伯爵红茶的清香、口感润滑的奶酪蛋糕使用了茅屋芝士，热量降低了，可以安心多吃几块啦。

材料（15cm×15cm方形模具1个）

茅屋芝士（过筛）……………………………… 120g
细砂糖………………………………………………40g
鸡蛋…………………………………………………1个
鲜奶油……………………………………………120mL
低筋面粉…………………………………………2大匙
炼乳………………………………………………1½大匙
红茶叶……………………………4g（茶包2袋）
盐…………………………………………………1小撮
粗粮饼干……………………………约7块（65g）
无盐黄油……………………………………………30g
装饰用糖粉…………………………………………适量

准备工作

- 将茅屋芝士和鸡蛋放置室温下回温。
- 红茶叶切细碎备用（茶包的话直接使用）。
- 模具内铺上烘焙用纸。

做法

1 将粗粮饼干放入保鲜袋内，用擀面杖敲打成颗粒状。然后将用微波炉熔化好的黄油倒入饼干碎内，搅拌均匀后，倒入模具内，用勺子按压均匀。最后，放入冰箱内冷藏。烤箱预热至160℃。

2 将变软的茅屋芝士、细砂糖、红茶叶、盐放入碗内，用打蛋器搅打。然后依次加入鸡蛋、鲜奶油、炼乳、低筋面粉（筛入），每加入一种材料，都需要搅拌均匀（也可以用食物搅拌器搅拌）。

3 将面糊过筛到模具内，放入烤箱，烤盘注满热水（小心烫伤），160℃隔水蒸烤45分钟（中途水分蒸发干的话，需要及时补足）。大致散热后，连同模具一并放入冰箱内冷藏，待充分冷却后，可根据个人喜好筛上糖粉。

*搭配用冰激凌、鲜奶油、车厘子、薄荷叶制作而成的迷你圣代食用，口感更佳。

用茅屋芝士制作而成的奶酪蛋糕口感清爽、润滑。虽说缺少了奶酪的醇厚口感，但是热量也同样降低了，还是值得一试的。

制作点心的红茶叶除了选用便捷的茶包，还可以使用“片茶”“茶粉”等级的细茶叶。在众多的茶叶中，我更中意伯爵红茶的味道，这是我制作点心的不二之选。

7 月蛋糕 /

芒果生奶酪蛋糕

夏天，太阳光明亮到让人忍不住眯缝起双眼，也使人们恋上清凉爽口的点心。一年四季都可以制作口味、形状变化万千的生奶酪蛋糕，今天一起做一款芒果生奶酪蛋糕吧。芒果使用罐头装，使用方便，而且性价比极高。因为芒果纤维较多，可以用食物搅拌器或料理机，借助机械的力量将果肉打成泥状。以海绵蛋糕为坯的生奶酪蛋糕确实很好吃，但是今天我们不用烤箱，而是使用市面上买来的饼干捣碎后铺在底层。快来尝一尝这款弥漫着南国风情、带给你丝丝凉意的冷点吧。

材料（直径15cm活底模具1个）

芒果（罐头、沥干汁水）…… 180g
奶油奶酪…… 120g
细砂糖…… 40g
鲜奶油……80mL
橘味利口酒（君度）……1/2大匙
柠檬汁……1/2小匙
{明胶粉…… 5g
{水…… 2大匙
{粗粮饼干…… 约7块（65g）
{无盐黄油…… 30g

准备工作

- 将奶油奶酪放置室温下回温。
- 芒果用料理机打成泥或用刀切成小块后，用叉子碾碎。
- 明胶粉倒入规定分量的水内，泡软备用。

做法

1 将粗粮饼干放入保鲜袋内，用擀面杖敲打成颗粒状。然后将用微波炉熔化好的黄油倒入饼干碎内，搅拌均匀后，倒入模具内，用勺子按压均匀。最后，放入冰箱内冷藏备用。

2 将变软的奶油奶酪、细砂糖放入碗内，用打蛋器搅打。然后依次加入鲜奶油、利口酒、柠檬汁，每加入一种材料，都需要搅拌均匀。明胶粉用微波炉加热数秒至溶化，然后倒入碗内，搅拌均匀。然后过筛，最后加入芒果，充分搅拌。

3 将面糊过筛到模具内，轻轻晃动模具弄平面糊，放入冷藏室内冷藏2小时以上，充分定型。

*可以将细腻的芒果泥淋到冰激凌上，再装饰上细叶芹（如下图）。

使用新鲜芒果，味道更加浓郁，但是用于制作甜点，实在有点奢侈。可以选择使用芒果罐头，性价比更高，用起来也不心疼。都乐牌的芒果罐头非常美味。

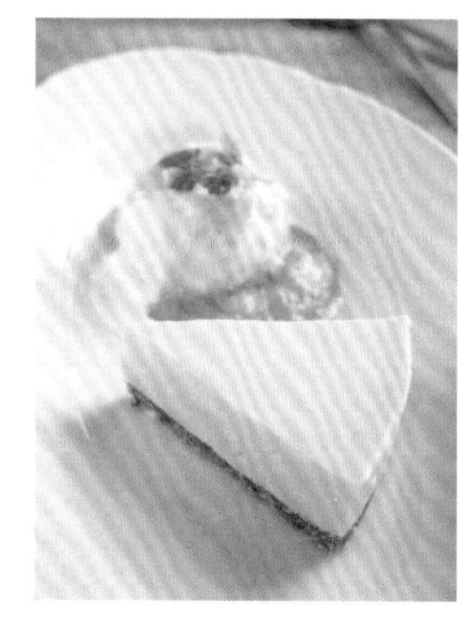

8 月蛋糕 /

黄桃派

16cm×16cm 的正方形派盘是我现在最钟爱的模具，8 月就用它烤一款点心吧。这款挞派在加入了酸奶油的杏仁奶油馅上码放了一层黄桃，非常适合在空调房里搭配冷饮食用，而且也适合寒性体质的人食用。我一直在寻找一款尺寸稍小一些的方形派盘，一直都找不到，就在我打算放弃的时候，在一家烘焙工具店遇到了这款派盘。我觉得这是最佳尺寸，既适合自家食用，也适合送人，非常好用。高兴之余，入手这款派盘后，我就一直忙着烤各种口味的挞派。

材料（16cm×16cm活底派盘1个）

派皮

- 低筋面粉……90g
- 无盐黄油……40g
- 糖粉……20g
- 鸡蛋……1/4个
- 盐……1小撮

杏仁奶油馅

- 杏仁粉……65g
- 细砂糖……50g
- 酸奶油……30g
- 无盐黄油……30g
- 鸡蛋……1个
- 低筋面粉……1大匙多
- 蜜桃味利口酒……1/2大匙

黄桃（罐头）……切半果肉5个

手粉（最好用高筋面粉）、装饰用开心果、糖粉……各适量

蜜桃味利口酒只要添加一丁点，风味就倍增。也可以兑上牛奶饮用，味道很赞。

准备工作

- 将制作派皮的黄油切成1.5cm的小丁，放在冰箱内冷藏。
- 将制作杏仁奶油馅的酸奶油、黄油和鸡蛋放置室温下回温。

做法

1 制作派皮。将低筋面粉、糖粉、盐放入食物搅拌器内搅拌3～5秒。加入黄油，不停地重复搅拌多次，粗略搅拌后加入鸡蛋，继续重复搅拌多次，所有材料搅拌成团后取出。将面团抹平后用保鲜膜包裹放入冰箱内醒1个小时以上。

2 将面团取出放在撒过手粉的操作台上，用擀面杖擀成厚2～3cm的正方形派皮，整体铺在派盘上，用叉子在底部插出小洞，然后包裹上保鲜膜放在冰箱内冷藏30分钟以上。

3 烤箱预热至180℃。制作杏仁奶油馅。将变软的黄油、酸奶油、细砂糖放入碗内，用打蛋器搅拌均匀，然后依次加入杏仁粉、全蛋液（一点点加入）、低筋面粉（筛入）、利口酒，搅拌均匀（也可用食物搅拌器搅拌）。

4 将**3**的奶油馅倒在**2**的派皮上，摊平，摆放上沥干汁水、切成薄片的黄桃片，放入180℃的烤箱内烘烤40分钟左右。稍微冷却后脱模，完全冷却后按个人喜好撒上开心果碎和糖粉。

＊手工制作派皮时

将放在室温下的黄油、糖粉、盐放入碗内，用手动打蛋器或电动打蛋器搅打至泛白、蓬松。一点点加入全蛋液，搅拌均匀，然后筛入低筋面粉，用硅胶铲搅拌均匀，揉成面团后，放入冰箱内冷藏。之后的步骤，与做法**2**以后相同。

我喜欢把焦糖煮成深咖色，微微有点苦味，这样混入到黄油蛋糕中，味道才能显现出来。

9 月蛋糕 /

无花果坚果焦糖黄油蛋糕

夏日的暑热仍旧持续着，不知不觉挂历已经翻到了9月，心情也已经转换到了秋天。纯白的凉鞋、草编手提包、格纹连衣裙连同夏天的回忆都可以收起来了，准备迎接秋天的到来。只要烤一些可以搭配热咖啡欧蕾的点心，天气凉快之后想要做的事情便会浮现在脑海里。我将这份雀跃的心情注入到蛋糕里，分送给我身边的亲朋好友们。今天烘焙的黄油蛋糕浸透了散发着朗姆酒香气的焦糖，并添加了无花果、核桃、杏仁、夏威夷果等。月末，街道上将会弥漫着桂花香，这意味着秋天真正到来了。我翘首以盼的季节，即将拉开序幕。

材料（18cm×18cm方形模具1个）

- 低筋面粉…… 90g
- 泡打粉……1/3小匙
- 无盐黄油……100g
- 细砂糖…… 75g
- 杏仁粉…… 30g
- 鸡蛋…… 2个
- 蛋黄…… 1个
- 蜂蜜…… 1大匙
- 牛奶…… 1大匙
- 盐…… 1小撮
- { 无花果干（切碎）…… 80g
- 核桃、杏仁片、夏威夷果……共100g }

焦糖

- { 细砂糖…… 30g
- 水…… 1小匙
- 热水…… 2大匙 }
- 朗姆酒…… 2大匙
- 装饰用鲜奶油、薄荷叶…… 各适量

准备工作

- 将坚果放入160℃的烤箱内烘烤6～8分钟，冷却后切碎。
- 将黄油、鸡蛋、蛋黄放置室温下回温。
- 低筋面粉、泡打粉、盐一并过筛备用。
- 模具内铺上烘焙用纸，或抹上黄油、撒上面粉（均分量外）。
- 烤箱预热至160℃。

做法

1 制作焦糖。将细砂糖和水倒入小锅内，开中火加热，不要晃动锅让细砂糖慢慢溶化，煮成满意的深咖色后即可关火。一点点加入热水（小心热水飞溅），搅拌均匀后，加入朗姆酒，冷却备用。

2 将变软的黄油放入碗内，用手动打蛋器或电动打蛋器搅打成奶油状，加入细砂糖，继续搅打至泛白、蓬松。然后依次加入蜂蜜、一半的全蛋液和蛋黄（一点点加入）、杏仁粉、剩余的全蛋液和蛋黄（一点点加入），每加入一种材料都需要搅拌均匀。

3 筛入粉类。用硅胶铲沿着碗底翻拌，趁还有残留的干面粉时，加入无花果干、坚果、牛奶，迅速搅拌至充满光泽的状态。

4 倒入模具内，放入160℃的烤箱内烘烤45分钟左右（用竹扦插入正中央，如果没有粘上黏稠的面糊，即可出炉）。出炉后趁热将焦糖淋在蛋糕上。

*将蛋糕分切成小块，搭配上打发的鲜奶油，装饰上薄荷叶。

10 月蛋糕

红茶洋梨蛋糕卷

用散发着花香的红茶叶将蛋糕坯染成奶茶色，再抹上洒满洋梨碎的奶油，卷成细长条。在抹奶油之前，可以在蛋糕坯上刷一层洋梨利口酒，味道会更浓郁。这是一款散发着细腻、端庄、成熟女性气息的蛋糕卷。好多年前的一个秋天，我在一家可以欣赏到美丽星空的餐厅用晚餐，饭后甜点就是一道洋梨糖水。在白兰地蓝色火焰的包围下，使用火烧法加热的洋梨搭配冰凉的香草冰激凌，成就了一款如梦如幻的甜点。后来，每当用洋梨制作甜点，那晚甜蜜的记忆便会复苏。

材料（24cm×24cm烤盘1个）

海绵蛋糕坯

- 低筋面粉……30g
- 细砂糖……45g
- 蛋黄、蛋清……各2个
- 盐……1小撮

- 鲜奶油……3大匙
- 红茶叶（切碎）……4g（茶包2袋）

洋梨奶油

- 鲜奶油……80mL
- 洋梨（罐头、沥干汁水）……80g
- 细砂糖……1小匙
- 洋梨利口酒（有的话可加入）……1/2小匙

*用30cm×30cm烤盘制作时，材料增加为1.5倍，烘焙时间不变。

准备工作

- 将红茶叶切碎（茶包的话可直接使用），与鲜奶油混合备用。
- 低筋面粉过筛。
- 烤盘铺上烘焙用纸（或半透明纸）。
- 烤箱预热至180℃。

做法

1. 制作海绵蛋糕坯。将蛋清放入碗内，一点点加入盐和细砂糖，用电动打蛋器打发成富有光泽、浓稠的蛋白霜。然后分两次加入蛋黄，搅拌均匀。
2. 筛入低筋面粉。用硅胶铲沿着碗底搅拌至蓬松、有光泽的状态。将混合均匀的红茶和鲜奶油用微波炉加热后倒入面糊内，迅速搅拌。
3. 将面糊倒入烤盘内，抹平。然后放入180℃的烤箱内烘烤10分钟左右。将蛋糕从烤盘上取下来，连同烘焙用纸一并冷却。待稍微冷却后，铺上保鲜膜。
4. 另取一只碗放入制作洋梨奶油的材料，用打蛋器搅拌至蓬松（七八分打发）。取下海绵蛋糕上的烘焙用纸，将烤出颜色的一面放在纸上，将蛋糕末端斜切平整，便于卷成型。将打发好的奶油涂抹在蛋糕上，然后沿着靠近自己的一侧开始卷，卷成蛋糕卷后用保鲜膜包裹，放入冰箱内冷藏1小时以上，固定形状。

糖渍洋梨最好自己做，如果时间不充裕，可以选用洋梨罐头。

洋梨利口酒最重要的就是香味，最好购买小瓶装，尽快用完。

11 月蛋糕 /

紫薯香酥挞

最近对充满粉感的烘焙点心非常着迷，尤其是挞派释放出的吸引力最为巨大，所以我每天都会制作一些充满浓浓秋意的点心送人。这个月推出的挞派是用奶酥做挞皮和馅料的简单食谱。使用色彩艳丽的紫薯搭配可可色的奶酥，色彩对比鲜明。紫薯切成小丁，碾碎混入到面糊中，切面呈现出了漂亮的大理石纹。从深秋到初冬的这段时间，街道两旁的树木提醒人们红叶季来临了，夜灯照耀下的红叶，更是美得如痴如醉，有一股魔力深深吸引着我。

材料（直径15cm活底圆形模具1个）

挞皮

- 低筋面粉……60g
- 杏仁粉……30g
- 可可粉……10g
- 无盐黄油……40g
- 细砂糖……30g
- 盐……1小撮

杏仁奶油馅

- 杏仁粉……60g
- 无盐黄油……40g
- 细砂糖……35g
- 鸡蛋……1个
- 低筋面粉……1大匙多
- 鲜奶油……1大匙+1小匙
- 朗姆酒……1/2大匙
- 紫薯……约3/4个（净重200g）

准备工作

- 将制作挞皮的黄油切成1.5cm的小丁，放在冰箱内冷藏备用。
- 将制作杏仁奶油馅的黄油和鸡蛋放置室温下回温。
- 紫薯去皮切成1.5cm的小丁，用微波炉或蒸锅蒸软。

做法

1. 制作挞皮。将除黄油以外的所有制作挞皮的材料放入食物搅拌器内搅拌3～5秒。然后加入黄油，搅拌至呈蓬松状后取出。
2. 取一半**1**铺入模具内，用汤匙背面按压平整，然后包裹上保鲜膜放入冰箱内冷藏备用。剩下的**1**装到保鲜袋内，放入冰箱内冷藏。烤箱预热至180℃。
3. 制作杏仁奶油馅。将变软的黄油、细砂糖放入碗内，用打蛋器搅拌均匀，然后依次加入杏仁粉、全蛋液（一点点加入）、低筋面粉（筛入）、鲜奶油、朗姆酒，充分搅拌均匀（也可用食物搅拌器搅拌）。再加入紫薯，用硅胶铲搅拌均匀。
4. 将**3**的奶油馅倒在**2**的模具内，摊平，撒上冷藏的**1**，然后放入180℃的烤箱内烘烤40分钟左右。趁热用小刀沿着模具与蛋糕之间划一圈，待稍微散热后脱模。

*手工制作挞皮时
将除黄油以外的所有材料放入碗内，用手动打蛋器搅拌，加入切成1.5cm小丁的黄油，用手指将奶油和粉类一并碾碎。

12 月蛋糕 /

白色舒芙蕾奶酪蛋糕

街道装饰上鲜艳的圣诞红，每个人都会因圣诞节的临近而雀跃不已的12月。忙忙碌碌的一年即将接近尾声，回顾逝去的时光，有悲伤、有喜悦，回忆的同时还是要脚踏实地过好未来的日子。今年是怎样的一年呢？刻骨铭心的记忆又有哪些呢？心中难以启齿的话语，又希望有人聆听……如果你心中有这种强烈的感受，那就与我分享吧。无论在哪儿，我都会为你烘焙白色舒芙蕾蛋糕，在烛光摇曳的夜晚，斟上一杯甜酒，让我们慢慢畅谈。

材料（直径18cm活底圆形模具1个）

奶油奶酪……120g
糖粉……60g
酸奶油……50g
原味酸奶……50g
蛋清……3个
鲜奶油……4大匙
低筋面粉……2½大匙
炼乳……1大匙
柠檬汁……1小匙
盐……1小撮
海绵蛋糕坯
- 低筋面粉……20g
- 细砂糖……20g
- 鸡蛋……1个
- 鲜奶油……1大匙

装饰用糖粉……适量

准备工作

- 将制作海绵蛋糕的鸡蛋、奶油奶酪、酸奶油放置室温下回温。
- 模具内铺上烘焙用纸。
- 烤箱预热至170℃。

做法

1 制作海绵蛋糕坯。将鸡蛋、细砂糖放入碗内，隔热水用电动打蛋器高速打发，待温度与人体体温接近时，从热水中取出，打发至浓稠（提起打蛋器时，液体呈丝带状滴落）。将电动打蛋器调至低速，筛入低筋面粉，迅速搅拌均匀，然后撒入用微波炉加热过的鲜奶油。搅拌均匀。

2 将面糊倒入模具内，放入170℃的烤箱内烘烤10分钟。冷却后，撕下烘焙用纸，将蛋糕铺在模具内，侧面铺上烘焙用纸。烤箱预热至150℃。

3 将变软的奶油奶酪和酸奶油放入碗内，加入1/3量的糖粉，用打蛋器搅拌均匀，然后依次加入酸奶、鲜奶油、低筋面粉（筛入）、炼乳、柠檬汁，每加入一次材料都需充分搅拌均匀（也可以用食物搅拌器搅拌），然后面糊过筛。

4 另取一只碗，放入蛋清，一点点加入盐和剩余的糖粉，用电动打蛋器打发制作成浓稠的、呈丝带状滴落的蛋白霜（六七分打发）。舀出一勺放入**3**的碗内，用画圈的方式搅拌均匀，然后再加入一半剩下的蛋白霜，用硅胶铲沿着碗底轻轻搅拌。搅拌均匀后将其倒入盛有蛋白霜的碗内，继续沿着碗底翻拌至看不到白色为止。

5 倒入模具内，轻轻抹平后，放入150℃的烤箱内烘烤60分钟左右。稍微散热后，连同模具一并放入冰箱内充分冷却，可根据个人喜好筛上糖粉。

材料（24cm×24cm烤盘1个）

海绵蛋糕坯

- 米粉……20g
- 低筋面粉……15g
- 和三盆糖（没有的话可用糖粉）……45g
- 无盐黄油……20g
- 鸡蛋……2个
- 蛋黄……1个

奶油

- 鲜奶油……100mL
- 和三盆糖（没有的话可用糖粉）……1小匙

*用30cm×30cm烤盘制作时，材料增加为1.5倍，烘焙时间不变。

准备工作

- 将鸡蛋、蛋黄放置室温下回温。
- 低筋面粉过筛。
- 烤盘铺上烘焙用纸（或半透明纸）。
- 烤箱预热至180℃。

做法

1 制作海绵蛋糕坯。将鸡蛋、蛋黄、和三盆糖放入碗内，隔热水用电动打蛋器高速打发，待温度与人体体温接近时，从热水中取出，打发至浓稠（提起打蛋器时，液体呈丝带状滴落）。将电动打蛋器调至低速，搅打成光滑的面糊。

2 筛入粉类。用硅胶铲沿着碗底翻拌至蓬松、有光泽的状态。将用微波炉加热至熔化的黄油撒入面糊内，迅速搅拌。

3 将面糊倒入烤盘内，抹平。然后放入180℃的烤箱内烘烤10分钟左右。将蛋糕从烤盘上取下来，连同烘焙用纸一并冷却，待稍微冷却后，铺上保鲜膜。

4 另取一只碗放入制作的奶油的材料，用打蛋器搅拌至蓬松（七八分打发）。卷法同p102。

制作点心的米粉。也可将低筋面粉全部换成米粉，但我喜欢加入一部分米粉后，蛋糕产生的顺滑口感。

和三盆糖具有高雅、独特的甜味，舌尖一触碰便彻底化了，非常适合制作西点。

1 月蛋糕 /

米粉蛋糕卷

新年伊始，在1月里无论如何都会被日式物品所吸引，平时使用的器皿、制作的点心都散发着浓浓的和风。平时烘烤蛋糕，我都是根据心情决定今天做什么。这个月给大家推荐一款用米粉制作的蛋糕。这是一款用米粉代替部分粉类、用和三盆糖代替砂糖制作的，散发着华丽气息的日式蛋糕卷。蛋糕柔软细腻、入口即化。虔诚地泡上一杯祝贺新春的大福茶恭迎新春，衷心期待新的一年健康喜乐。

2 月蛋糕 /

咖啡巧克力蛋糕

从小就喜欢点心，无论是制作点心、享用点心，还是做给家人吃，我都非常喜欢。制作点心带给我的美好瞬间真是数不胜数，但其中最幸福的就是做点心给心爱的人吃。情人节，女孩亲手制作巧克力送给心上人，正是希望自己沉浸在幸福中。虽然已经过了小女生的年纪，但是只要是女人，无论什么年纪，都希望保持一颗恋爱的心。2月的点心是一款充满恋爱气息的巧克力蛋糕。巧克力与咖啡合奏出的变奏曲不知会敲打谁的心房?

材料（直径15cm的活底圆形蛋糕模1个）

- 点心专用巧克力（半甜）………………………………… 80g
- 无盐黄油……………………………………………………… 40g
- 细砂糖………………………………………………………… 60g
- 低筋面粉……………………………………………………… 20g
- 可可粉………………………………………………………… 10g
- 蛋黄、蛋清…………………………………………………… 各2个
- 鲜奶油………………………………………………………… 50mL
- 速溶咖啡粉…………………………………………………… 1大匙
- 盐……………………………………………………………… 1小撮
- 装饰用鲜奶油、薄荷叶…………………………………… 各适量

准备工作

- 将巧克力切碎。
- 低筋面粉与可可粉一并过筛。
- 模具内铺上烘焙用纸，或涂上黄油再撒上一层面粉。
- 烤箱预热至160℃。

做法

1. 将巧克力和黄油放入耐热容器内，用微波炉或隔水加热至熔化。然后加入鲜奶油和咖啡，用手动打蛋器搅拌至光滑细腻。
2. 另取一只碗放入蛋黄、1/3量的细砂糖，用打蛋器打发至泛白，然后依次加入**1**、粉类，搅拌至光滑。
3. 再另取一只碗，放入蛋清，一点点加入盐和剩余的糖粉，用电动打蛋器搅打成富有光泽、浓稠的蛋白霜。舀出一勺放入**2**的碗内，用画圈的方式搅拌均匀，然后再加入一半的蛋白霜，用硅胶铲沿着碗底轻轻搅拌。搅拌均匀后将其倒入盛有蛋白霜的碗内，继续沿着碗底翻拌至看不到白色为止。
4. 倒入模具内，轻轻抹平后，放入160℃的烤箱内烘烤35分钟左右（用竹扦插入正中央，如果没有粘上面糊，即烤好了）。

*将蛋糕切成小块后，再装饰上打发的鲜奶油和薄荷叶。

我非常喜欢用比利时嘉利宝巧克力公司生产的半甜巧克力。一般巧克力都需要切碎再用，但这款巧克力是药片状的，所以非常省时省力。

材料（直径17cm的戚风蛋糕模1个）

低筋面粉……65g
泡打粉……1/2小匙
细砂糖……55g
原味酸奶……50g
蛋黄、蛋清……各3个
色拉油……2大匙+1小匙
盐……1小撮
糖渍水果……100g
装饰用鲜奶油、薄荷叶……各适量

准备工作

- 低筋面粉与泡打粉一并过筛。
- 烤箱预热至160℃。

做法

1 碗内放入蛋黄、1/3量的细砂糖，用打蛋器充分搅拌均匀，然后依次加入酸奶和色拉油（分别一点点加入）、粉类、糖渍水果，搅拌均匀。

2 另取一只碗，放入蛋清，一点点加入盐和剩余的糖粉，用电动打蛋器搅打成富有光泽、浓稠的蛋白霜。舀出一勺放入**2**的碗内，用画圈的方式搅拌均匀，然后再加入一半的蛋白霜，用硅胶铲沿着碗底轻轻搅拌。搅拌均匀后将其倒入盛有蛋白霜的碗内，继续沿着碗底翻拌至看不到白色为止。

3 倒入模具内，轻轻抹平后，放入160℃的烤箱内烘烤30分钟左右。模具倒扣，冷却（脱模方法请参照p97）。

*将蛋糕切成小块后，再装饰上打发的鲜奶油和薄荷叶。

糖渍水果就是包括苹果、葡萄干、白桃、橙子、樱桃等水果的糖渍水果干，口感非常柔软。加入水果干烘焙而成的黄油蛋糕可是我的绝招。

3 月蛋糕 /

酸奶戚风蛋糕

侧耳倾听，春天的脚步近了，回忆如宝石般珍贵、无可替代，因此，3 月我把糖渍水果干镶嵌在绵软的戚风蛋糕内。与年末画出一条清晰的分界线，分别的季节里雪花纷飞，让人略感悲伤，可正是这份寂寞和不舍才证明我们曾经度过的时光多么快乐、遇到的人多么重要。这份牵绊的喜悦与真实轻轻推了我一把，让我勇敢迈出新的步伐。这个月的点心是我给你的声援。

下午茶组合

1 司康组合

将面粉放入碗内，再加入鸡蛋、鲜奶油、黄油，
粗略揉成面团，再团成圆形入烤箱烘烤即可。
非常便于操作，一会儿工夫就可以烘烤出一大碗。
司康趁热品尝，
酥脆感更强，非常好吃。
如果我要在店里售卖这款饼干，我会等客人下单后再制做，
出炉后第一时间送到客人桌边。

→做法详见p116

2 戚风蛋糕組合

口感温润、松软的戚风蛋糕，
无论哪个季节都想品尝一下，
蛋糕盘内盛了两款口味和做法截然不同的戚风蛋糕，
一款是气味浓烈、略为刺激的戚风蛋糕，
一款是加了巧克力碎的戚风蛋糕。
我喜欢在品尝戚风蛋糕的时候挤上满满的鲜奶油，
即使不加鲜奶油，味道也很棒。

辣味戚风蛋糕

巧克力碎天使戚风蛋糕

→做法详见p117

3 试吃甜点组合

这家店的点心味道如何呢?
初入一家点心店总是夹杂着期待与不安。
所以，我抱着“我们店的蛋糕是这样的，
希望能合您的口味”的心情，
把今天推荐的蛋糕做成拼盘，
如果你想每款都尝一尝，那千万不要错过。

→做法详见p118

4 蛋糕卷组合

品尝多款甜点时，如果色彩对比鲜明，
既赏心悦目，又乐趣无穷。
柔和的蛋黄色与浓郁的可可色。
用24cm×24cm的烤盘烘焙而成的迷你蛋糕卷，
可以再吃上一块呀。
那么，做一条加入覆盆子、
洒满新鲜橙肉的覆盆子香橙蛋糕卷吧，
不知您意下如何?

橘子酱蛋糕卷

可可橙皮蛋糕卷

→做法详见p119

5 养生轻食玛芬组合

不想吃早餐的休息日，肚子有点饿的下午，
或是不想吃甜食而想吃点儿咸食填饱肚子时，
我就会烤一盘养生轻食玛芬蛋糕。
我把用磅蛋糕模烤的玛芬蛋糕切成厚片，
再配上一份爽口小菜，
便成了一顿丰盛的午餐。

胡萝卜核桃玛芬

青豌豆奶酪玛芬

→做法详见p120

6 黄油蛋糕组合

出炉2～3天的黄油蛋糕口感更加温润、味道更美，
仿佛味蕾能感受到时间的流逝。
轻松惬意的下午茶时光，
必须有黄油蛋糕的陪伴。
今天挑选两款适合搭配咖啡的蛋糕。
夏天可以搭配一杯冰咖啡，
冬天可以搭配一大杯咖啡欧蕾，
当然如果你喜欢浓咖啡，也可以来一杯意式浓缩咖啡。

咖啡朗姆酒渍葡萄干黄油蛋糕

香蕉黄油蛋糕

→做法详见p121

1 司康组合

全麦司康

材料（直径3cm的司康约30个）

a
- 低筋面粉…… 100g
- 全麦面粉…… 50g
- 泡打粉…… 1/2小匙
- 赤砂糖…… 35g
- 盐…… 1小撮

无盐黄油…… 50g
蛋黄…… 1个
鲜奶油…… 2大匙

准备工作

- 烤盘铺上烘焙用纸。
- 烤箱预热至170℃。

做法

1 将材料a倒入碗内，用打蛋器搅拌均匀，然后加入已用微波炉加热熔化的黄油、蛋黄、鲜奶油，用硅胶铲大致搅拌成面团。

2 然后将面团揉成直径3cm的圆球，稍微压扁，等间距摆放在烤盘上，最后放入170℃的烤箱内烘烤15～20分钟。

核桃司康

材料（直径3cm的司康约30个）

a
- 低筋面粉…… 150g
- 泡打粉…… 1/2小匙
- 赤砂糖…… 35g
- 盐…… 1小撮

无盐黄油…… 50g
蛋黄…… 1个
鲜奶油…… 2大匙
核桃仁…… 60g

准备工作

- 将核桃仁放入160℃的烤箱内烘烤6～8分钟，冷却后切碎备用。
- 烤盘铺上烘焙用纸。
- 烤箱预热至170℃。

做法

1 将材料a倒入碗内，用打蛋器搅拌均匀，然后加入已用微波炉加热熔化的黄油、蛋黄、鲜奶油，用硅胶铲大致搅拌一下。趁还有干面粉时，加入核桃碎，用硅胶铲团成面团。

2 然后将面团揉成直径3cm的圆球，稍微压扁，等间距摆放在烤盘上，最后放入170℃的烤箱内烘烤15～20分钟。

葡萄干奥利奥司康

材料（直径3cm的司康约30个）

a
- 低筋面粉…… 150g
- 泡打粉…… 1/2小匙
- 赤砂糖…… 35g
- 盐…… 1小撮

无盐黄油…… 50g
蛋黄…… 1个
鲜奶油…… 2大匙
葡萄干…… 50g
奥利奥饼干（除去奶油夹心，捣碎）…… 3组

准备工作

- 烤盘铺上烘焙用纸。
- 烤箱预热至170℃。

做法

1 将材料a倒入碗内，用打蛋器搅拌均匀，然后加入已用微波炉加热熔化的黄油、蛋黄、鲜奶油，用硅胶铲大致搅拌一下。趁还有干面粉时，加入葡萄干和奥利奥，用硅胶铲团成面团。

2 然后将面团揉成直径3cm的圆球，稍微压扁，等间距摆放在烤盘上，最后放入170℃的烤箱内烘烤15～20分钟。

*搭配上打发的鲜奶油或淋上枫糖浆。

辣味戚风蛋糕

材料（直径17cm戚风蛋糕模具1个）

a
- 低筋面粉……65g
- 泡打粉……1/2小匙
- 多香果、小豆蔻、肉桂（均为粉末）……各1/3小匙

- 细砂糖……65g
- 蛋黄、蛋清……各3个
- 水……50mL
- 色拉油……2大匙+1小匙
- 盐……1小撮

准备工作

・材料a一并过筛备用。

・烤箱预热至160℃。

做法

1 将蛋黄、1/3量的细砂糖放入碗内，用打蛋器搅拌均匀，然后依次加入水和色拉油（均一点点加入）、a，需充分搅拌均匀。

2 另取一只碗放入蛋清，一点点加入盐和剩余的细砂糖，用电动打蛋器打发成富有光泽、浓稠的蛋白霜。舀出一勺放入**1**内，用画圈的方式搅拌均匀，然后再加入一半蛋白霜，用硅胶铲沿着碗底轻轻搅拌。搅拌均匀后将其倒入盛有蛋白霜的碗内，继续沿着碗底翻拌至看不到白色为止。

3 将蛋糕糊倒入模具内，轻轻晃动模具让蛋糕糊更加均匀。然后放入160℃的烤箱内烘烤30分钟左右。将模具倒扣，待完全冷却。脱模时，用小刀沿着模具侧面与蛋糕之间划一圈，拆下模具和筒身部分。模具底部与蛋糕之间也需要用刀划一圈再脱模。

巧克力碎天使戚风蛋糕

材料（直径17cm戚风蛋糕模具1个）

- 低筋面粉……65g
- 泡打粉……1/2小匙
- 糖粉……70g
- 蛋黄……1个
- 蛋清……4个
- 牛奶……50mL
- 色拉油……40mL
- 盐……1小撮
- 点心专用巧克力*……40g

*可根据个人喜好选择口味。也可以使用板状巧克力。

准备工作

・巧克力切细碎，放入冰箱内冷藏备用。

・将低筋面粉和泡打粉一并过筛备用。

・烤箱预热至160℃。

做法

1 将蛋黄、1/3量的糖粉放入碗内，用打蛋器搅拌均匀，然后依次加入牛奶和色拉油（均一点点加入）、粉类、巧克力碎，需充分搅拌均匀。

2 另取一只碗放入蛋清，一点点加入盐和剩余的糖粉，用电动打蛋器打发成富有光泽、浓稠的蛋白霜。舀出一勺放入**1**内，用画圈的方式搅拌均匀，然后再加入一半蛋白霜，用硅胶铲沿着碗底轻轻搅拌。搅拌均匀后将其倒入盛有蛋白霜的碗内，继续沿着碗底翻拌至看不到白色为止。

3 将蛋糕糊倒入模具内，轻轻晃动模具让蛋糕糊更加均匀。然后放入160℃的烤箱内烘烤30分钟左右。将模具倒扣，待完全冷却。脱模方法同上。

*搭配上打发的鲜奶油，味道更赞。

3 试吃甜点组合

巧克力大理石纹舒芙蕾奶酪蛋糕

材料（15cm×15cm方形模具1个）

奶油奶酪…………………… 120g
细砂糖…………………………50g
蛋黄、蛋清………………… 各2个
鲜奶油……………………… 50mL
低筋面粉………………… 2½大匙
牛奶………………………… 2大匙
盐…………………………… 1小撮
点心专用巧克力（半甜）……40g

准备工作

- 将奶油奶酪放置室温下回温。
- 巧克力切细碎，用微波炉或隔水加热至熔化。
- 模具内铺上烘焙用纸。
- 烤箱预热至160℃。

做法

1 将变软的奶油奶酪、1/3量的细砂糖放入碗内，用打蛋器搅拌均匀，然后依次加入蛋黄（一个一个加入）、鲜奶油、牛奶、低筋面粉（筛入），每加入一种材料都需充分搅拌均匀，然后面糊过筛。

2 另取一只碗放入蛋清，一点点加入盐和剩余的细砂糖，用电动打蛋器打发成黏稠、呈丝带状滑落的蛋白霜（六七分打发）。舀出一勺放入**1**内，用画圈的方式搅拌均匀，然后再加入一半蛋白霜，用硅胶铲沿着碗底轻轻搅拌。搅拌均匀后将其倒入盛有蛋白霜的碗内，继续沿着碗底翻拌至看不到白色为止。

3 取1/3量的**2**放入另一只碗内，加入熔化的巧克力，做成巧克力蛋糕糊。将原味蛋糕糊倒入模具内，再在表面淋上巧克力蛋糕糊，用筷子画圈式搅拌，就形成了漂亮的大理石纹。然后放入160℃的烤箱内烘烤45分钟左右。稍微散热后，连同模具一并放入冰箱内充分冷却。

香蕉椰子戚风蛋糕

→做法参照p97

酸奶牛奶布丁

→做法参照p125

＊除了淋上奇异果酱，还可以淋上打发的鲜奶油，再装饰上薄荷叶。

橘子酱蛋糕卷

材料（24cm×24cm烤盘1个）

海绵蛋糕坯

- 低筋面粉……35g
- 细砂糖……45g
- 鸡蛋……2个
- 蛋黄……1个
- 鲜奶油……2大匙

奶油

- 鲜奶油……100mL
- 细砂糖……1小匙

果酱糖浆

- 柑橘果酱……2大匙
- 柑橘利口酒（柑曼怡）……1大匙

准备工作

- 将鸡蛋、蛋黄放置室温下回温。
- 低筋面粉过筛。
- 烤盘铺上烘焙用纸（或半透明纸）。
- 烤箱预热至180℃。

做法

1 制作海绵蛋糕坯。将鸡蛋、蛋黄、细砂糖放入碗内，碗底浸在热水里，用电动打蛋器高速搅打。待温度与人体体温接近时，从热水中取出，继续打发至泛白且浓稠的状态（提起打蛋器，液体如丝带般滴落）。将电动打蛋器调至低速，继续搅打至顺滑。

2 筛入低筋面粉。用硅胶铲沿着碗底搅拌至蓬松、有光泽的状态。然后倒入用微波炉加热的鲜奶油，迅速搅拌。

3 将面糊倒入烤盘内，抹平。然后放入180℃的烤箱内烘烤10分钟。将蛋糕从烤盘上取下来，连同烘焙用纸一并冷却。待稍微冷却后，铺上保鲜膜。

4 将柑橘果酱放入耐热容器中，用微波炉稍微加热，然后混入到柑橘利口酒内。

5 将制作奶油的材料全部放入碗内，打发至蓬松（七八分打发）。取下海绵蛋糕上的烘焙用纸，将烤出颜色的一面放在纸上，将蛋糕末端斜切平整，便于卷成型。依次抹上果酱糖浆、奶油，沿着靠近自己的一侧开始卷，卷成蛋糕卷，然后用保鲜膜包裹放入冰箱内冷藏1小时以上，固定形状。

软糯多汁的香橙片。如果没有香橙片，可以使用蜜饯橙皮替代。

可可橙皮蛋糕卷

材料（24cm×24cm烤盘1个）**

海绵蛋糕坯

- 低筋面粉……20g
- 可可粉……15g
- 细砂糖……45g
- 蛋黄、蛋清……各2个
- 鲜奶油……3大匙
- 盐……1小撮

香橙奶油

- 鲜奶油……80mL
- 香橙片（或蜜饯橙皮）……50g
- 细砂糖……1/2小匙

**参照p96。

准备工作

- 低筋面粉和可可粉一并过筛。
- 烤盘铺上烘焙用纸（或半透明纸）。
- 烤箱预热至180℃。

做法

1 制作海绵蛋糕坯。将蛋清放入碗内，一点点加入盐和细砂糖，用电动打蛋器打发，制作成富有光泽、浓稠的蛋白霜。将蛋黄一个一个加入，搅拌均匀。

2 筛入粉类。用硅胶铲沿着碗底翻拌至蓬松、有光泽的状态。倒入用微波炉加热的鲜奶油，迅速搅拌。

3 将面糊倒入烤盘内，抹平。然后放入180℃的烤箱内烘烤10分钟。将蛋糕从烤盘上取下来，连同烘焙用纸一并冷却。待稍微冷却后，铺上保鲜膜。

4 将制作奶油的材料全部放入碗内，打发至蓬松（七八分打发）。卷法同上。

*还可以搭配酸奶、李子酱食用，味道更佳。

5 养生轻食玛芬组合

青豌豆奶酪玛芬

材料

（21cm×8cm×6cm磅蛋糕模具1个）

a
- 低筋面粉……110g
- 玉米粉……30g
- 泡打粉……1小匙

b
- 鸡蛋……1个
- 赤砂糖……1大匙
- 盐……1小撮
- 粗磨黑胡椒……少许

- 原味酸牛奶……30g
- 牛奶……80mL
- 橄榄油……2大匙+1小匙
- 青豌豆（冷冻）……80g
- 奶油奶酪……80g

玉米粉是用玉米磨成的粉。还可以使用具有颗粒感的粗磨玉米粉和黄玉米粉，别具一番风味。

准备工作

- 奶油奶酪切成1cm的小丁，放入冰箱内冷藏备用。
- 鸡蛋放置室温下回温。
- 材料a一并过筛备用。
- 模具内铺上烘焙用纸，或涂上一层黄油再撒上一层面粉（均分量外）。
- 烤箱预热至180℃。

做法

1. 将材料b放入碗内，用打蛋器搅拌均匀，然后依次加入橄榄油、酸奶、牛奶，充分搅拌均匀。
2. 筛入材料a，用硅胶铲粗略搅拌，待还有干面粉时，加入青豌豆（冷冻状态）和奶油奶酪，大致搅拌一下。
3. 将面糊倒入模具内，抹平。放入180℃的烤箱内烘烤30分钟左右（用竹扦插入正中央，如果没有粘上面糊，即烤好）。

胡萝卜核桃玛芬

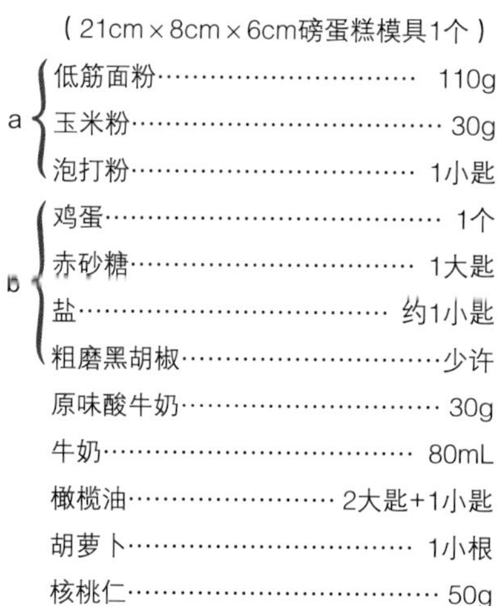

材料

（21cm×8cm×6cm磅蛋糕模具1个）

a
- 低筋面粉……110g
- 玉米粉……30g
- 泡打粉……1小匙

b
- 鸡蛋……1个
- 赤砂糖……1大匙
- 盐……约1小匙
- 粗磨黑胡椒……少许

- 原味酸牛奶……30g
- 牛奶……80mL
- 橄榄油……2大匙+1小匙
- 胡萝卜……1小根
- 核桃仁……50g

准备工作

- 核桃仁放在160℃的烤箱内烘烤6～8分钟，待冷却后切碎。
- 鸡蛋放置室温下回温。
- 胡萝卜去皮，切细丝备用（或用擦丝器更方便）。
- 材料a一并过筛备用。
- 模具内铺上烘焙用纸，或涂上一层黄油再撒上一层面粉（均分量外）。
- 烤箱预热至180℃。

做法

1. 将材料b放入碗内，用打蛋器搅拌均匀，然后依次加入橄榄油、酸奶、牛奶，充分搅拌均匀。
2. 筛入材料a，用硅胶铲粗略搅拌，待还有干面粉时，加入胡萝卜和核桃，大致搅拌一下。
3. 将面糊倒入模具内，抹平。放入180℃的烤箱内烘烤30分钟左右。

*可以搭配上木瓜丁和菠萝丁，再装饰上薄荷叶。

6 黄油蛋糕组合

香蕉黄油蛋糕

材料

（21cm×8cm×6cm磅蛋糕模具1个）

低筋面粉……………………………80g
泡打粉……………………………1/3小匙
无盐黄油……………………………100g
细砂糖……………………………75g
杏仁粉……………………………50g
鸡蛋……………………………1个
蛋黄……………………………1个
蜂蜜……………………………1/2大匙
盐……………………………1小撮
香蕉……………………………1根（净重80g）

准备工作

- 将黄油、鸡蛋、蛋黄放置室温下回温。
- 香蕉去皮，用叉子捣碎。
- 低筋面粉、泡打粉、盐一并过筛备用。
- 模具内铺上烘焙用纸，或涂上一层黄油再撒上一层面粉（均分量外）。
- 烤箱预热至160℃。

做法

1 将变软的黄油放入碗内，用手动打蛋器或电动打蛋器搅打成奶油状，然后加入细砂糖，搅打至蓬松。再依次加入蜂蜜、一半全蛋液和蛋黄（一点点加入）、杏仁粉、剩下的全蛋液和蛋黄，每加入一种材料都需要充分搅拌均匀。

2 筛入粉类，用硅胶铲沿着碗底迅速搅拌至面糊产生光泽。

3 将面糊倒入模具内，放入160℃的烤箱内烘烤45分钟左右。

咖啡朗姆酒渍葡萄干黄油蛋糕

材料

（21cm×8cm×6cm磅蛋糕模具1个）

低筋面粉……………………………90g
泡打粉……………………………1/4小匙
无盐黄油……………………………100g
细砂糖……………………………90g
杏仁粉……………………………30g
鸡蛋……………………………2个
速溶咖啡粉……………………………2大匙
鲜奶油……………………………2大匙
盐……………………………1小撮
葡萄干……………………………60g
朗姆酒……………………………1大匙+1小匙

将朗姆酒撒在葡萄干上，用微波炉加热即做成了朗姆酒渍葡萄干。也可以使用市售的朗姆酒渍葡萄干。如果手头上有自己长时间腌渍的朗姆酒葡萄干，那就再好不过了。

准备工作

- 将黄油和鸡蛋放置室温下回温。
- 将葡萄干、朗姆酒放入耐热容器内，用微波炉加热1分钟至变软。
- 用鲜奶油溶化咖啡。
- 模具内铺上烘焙用纸，或涂上一层黄油再撒上一层面粉（均分量外）。
- 烤箱预热至160℃。

做法

1 将变软的黄油放入碗内，用手动打蛋器或电动打蛋器搅打成奶油状，然后加入细砂糖，搅打至蓬松。再依次加入混合好的咖啡和鲜奶油、一半全蛋液（一点点加入）、杏仁粉、剩下的全蛋液，每加入一种材料都需要充分搅拌均匀。

2 筛入粉类，用硅胶铲沿着碗底翻拌，待还有干面粉时加入葡萄干，迅速搅拌至面糊产生光泽。

3 将面糊倒入模具内，放入160℃的烤箱内烘烤45分钟左右。

*可以搭配打发的鲜奶油和肉桂粉食用。

杯子&烤碗甜点

装在玻璃杯、陶瓷杯、烤碗中的甜点有很多种。
可以当作饭后甜点，
也可以多款时令蛋糕搭配，
共度美好的下午茶时光，
还适合与朋友畅谈时分享，
还可以当作伴手礼、午餐聚会的甜点，
也可以用来犒赏自己。
装在密封的杯子里，
方便携带，再也不用担心甜点弄撒了。

焦糖苹果意式奶冻

口感顺滑、奶香十足的奶油布丁、微苦的焦糖苹果、打发的鲜奶油、酥脆的奶酥，一层一层码放好，一款色香味俱全的甜点就做好了。看上去好像很复杂，其实每一层材料的制作都很简单。把勺子插进去，就可以同时品尝到四种美味。任美妙滋味在口中弥漫，每吃一口，都让人喜上眉梢。不知道这份美味能否打动他？要是能换来他的微笑，我就满足了。将这份甜蜜的思绪一起装进玻璃杯里吧。

材料（220mL的容器4个）

奶酥

- 低筋面粉……………… 30g
- 杏仁粉………………… 20g
- 无盐黄油……………… 20g
- 细砂糖………………… 15g
- 盐…………………… 1小撮

奶油布丁

- 牛奶………………… 300mL
- 鲜奶油……………… 120mL
- 细砂糖………………… 35g
- 明胶粉……………………5g
- 水…………………… 2大匙

焦糖苹果

- 苹果…………………… 1个
- 细砂糖………………… 30g
- 水………………… 1小匙

装饰用鲜奶油、薄荷叶、糖粉…………… 各适量

准备工作

- 黄油切1.5cm小丁，放入冰箱内冷藏备用。
- 烤盘铺上烘焙用纸。
- 烤箱预热至170℃。
- 明胶粉倒入规定分量的水内，泡软备用。

做法

1 制作奶酥。将除了黄油以外所有制作奶酥的材料放入食物搅拌器内搅拌3～5秒。加入黄油，不停地重复搅拌多次，呈颗粒状时取出摊平在烤盘上，然后放入170℃的烤箱内烘烤12～15分钟，冷却备用。

2 制作焦糖苹果。将细砂糖和水倒入小锅内，开中火加热，不要晃动锅，待细砂糖慢慢溶化，糖水呈现出咖啡色时，可以晃动小锅，让颜色均一，继续加热到深咖色，这时放入去皮、切小块的苹果。煮干水分，冷却备用。

3 制作奶冻。将牛奶、鲜奶油、细砂糖放入锅内加热至即将沸腾，然后加入用微波炉加热至溶化的明胶粉（不要加热至沸腾），搅拌均匀。然后过筛到碗内，碗底浸在冰水里，用打蛋器搅拌至黏稠。

4 将奶冻倒入容器内，放在冰箱内冷藏2小时以上，充分冷却凝固。然后依次加入**2**的焦糖苹果、打发的鲜奶油、**1**的奶酥，最后装饰上薄荷叶和糖粉。

***手工制作奶酥时**

除了黄油，将其他材料全部放入碗内，用打蛋器画圈式搅拌。然后加入已提前切成1.5cm小丁的黄油，用手指尖将黄油与粉类搓成颗粒状。

烘烤奶酥时，中途翻拌1～2次，受热更均匀，烤出来的颜色也更一致。

南瓜布丁

散发着焦糖香气的砂糖正是这道点心的精髓所在。
也可以淋上枫糖浆和蜂蜜，味道也是妙不可言。

材料（直径7.5cm的浅烤碗6个）

南瓜…………………………………… 约1/8个（净重100g）
鲜奶油…………………………………………………… 120mL
牛奶……………………………………………………… 100mL
细砂糖…………………………………………………… 25g
蛋黄……………………………………………………… 2个
肉桂粉…………………………………………………… 1/2小匙
装饰用细砂糖、糖粉…………………………………… 各适量

准备工作

・南瓜去皮去籽，切小块，用微波炉或蒸锅蒸软，预留出100g，用叉子碾碎。
・烤箱预热至150℃。

做法

1 将蛋黄、细砂糖放入碗内，用打蛋器搅均匀，然后依次加入提前加热至快沸腾的鲜奶油和牛奶（一点点加入）、南瓜、肉桂粉，每加入一种材料都需要充分搅拌均匀。
2 用过滤器过筛到模具内，放在烤盘上，烤盘内注满热水（小心烫伤），150℃蒸烤25分钟左右。稍微散热后放入冷藏室内充分冷却。
3 食用前在表面撒上细砂糖，用料理喷枪或烤鱼炉的大火烤成金黄色，最后根据个人喜好撒上糖粉。

生奶酪蛋糕

放在类似酸奶瓶容器内的生奶酪蛋糕。藏在蛋糕内的红茶渍李子干给你带来满满的惊喜。

材料（150mL容器5个）

奶油奶酪………………………………………………… 120g
原味酸奶………………………………………………… 180g
细砂糖…………………………………………………… 15g
蛋黄……………………………………………………… 1个
鲜奶油…………………………………………………… 100mL
蜂蜜……………………………………………………… 2大匙
柠檬汁…………………………………………………… 1小匙
{ 明胶粉………………………………………………… 5g
{ 水……………………………………………………… 2大匙
{ 李子干………………………………………………… 5个
{ 稍浓的热红茶………………………………………… 适量

准备工作

・奶油奶酪放置室温下回温。
・用红茶浸泡李子干，泡至红茶冷却。
・明胶粉倒入规定分量的水内，泡软备用。

做法

1 将变软的奶油奶酪、细砂糖放入碗内，用打蛋器搅拌均匀，然后依次加入蛋黄、蜂蜜、酸奶、鲜奶油、柠檬汁，每加入一种材料都需要充分搅拌均匀。再加入用微波炉加热至溶化的明胶粉（不要加热至沸腾），混合均匀后过筛。
2 每个容器内放入一颗李子干，倒入**1**的奶酪糊，放入冰箱内冷藏2小时以上，充分冷却凝固。

酸奶牛奶布丁

非常适合搭配水果食用的牛奶布丁。
搭配草莓、蓝莓、香橙、西柚都可以。

材料（130mL容器5个）

原味酸奶…………200g
牛奶…………200mL
细砂糖…………45g
柠檬汁…………1/2大匙
{明胶粉…………5g
{水…………2大匙
猕猴桃酱
{猕猴桃…………1～1½个
{蜂蜜…………1大匙

准备工作

· 明胶粉倒入规定分量的水内，泡软备用。

做法

1 将牛奶、细砂糖放入锅内，开中火加热，待细砂糖溶化后，关火。然后依次加入酸奶、柠檬汁，用打蛋器搅拌均匀。

2 加入用微波炉加热至溶化的明胶粉（不要加热至沸腾），搅拌至光滑，过筛到碗内，碗底浸在冰水里，用硅胶铲搅拌至浓稠。

3 倒入容器内，放入冰箱内冷藏2小时以上，充分冷却凝固。淋上用猕猴桃丁和蜂蜜混合而成的酱汁。

白巧克力草莓奶酪

草莓突出了白巧克力的甜味，让味道更加丰富。
可将草莓整颗加入蛋糕坯中。

材料（150mL容器5个）

{点心专用白巧克力……80g
{牛奶…………130mL
鲜奶油…………120mL
蛋黄…………2个
细砂糖…………10g
{明胶粉…………5g
{水…………2大匙
柑橘利口酒（柑曼怡）…………1小匙
装饰用草莓、糖粉、柠檬草…………各适量

准备工作

· 将利口酒倒入鲜奶油内，打发至浓稠（六分打发），放入冷藏室内备用。
· 巧克力切碎备用。
· 明胶粉倒入规定分量的水内，泡软备用。

做法

1 将巧克力和牛奶放入耐热容器内，用微波炉加热至溶化。

2 另取一只碗放入蛋黄、细砂糖，用打蛋器搅拌均匀，然后依次加入**1**的巧克力、用微波炉加热至溶化的明胶粉（不要加热至沸腾），每加入一种材料都需要充分搅拌均匀。过筛到碗内，碗底浸在冰水里，用硅胶铲搅拌至浓稠。

3 加入打发的鲜奶油，大致搅拌后，倒入容器内，放入冰箱内冷藏2小时以上，充分冷却凝固。装饰上切碎的草莓丁、柠檬草、糖粉。

杯装提拉米苏

咖啡色的蛋糕与马斯卡彭奶酪交错叠放，放在冰箱内冷藏一段时间，蛋糕与奶油融合在一起时是最佳品尝时刻。有一部电影叫《美味情缘》，里面出现了大量美味的食物，主人公凯特是餐厅的主厨，副主厨尼克为她做了一大份装在密封容器里的提拉米苏，可以直接用勺子舀来吃。两个人心灵相通的场景让提拉米苏、二人之间的关系都变得更加甜美。提拉米苏做成大份或做成小份美味不变，重要的是跟相爱的人一起分享。

材料（直径7cm×高9cm的容器5个）

海绵蛋糕坯（24cm×24cm烤盘1个）

- 低筋面粉……40g
- 细砂糖……40g
- 蛋黄、蛋清……各2个
- 盐……1小撮

奶油

- 马斯卡彭奶酪……120g
- 蛋黄……1个
- 鲜奶油……100mL
- 细砂糖……2大匙

咖啡液

- 浓度适中的咖啡……200mL
- 咖啡利口酒……1大匙

装饰用可可粉……适量

准备工作

- 低筋面粉过筛。
- 烤盘铺上烘焙用纸（或半透明纸）。
- 烤箱预热至180℃。
- 咖啡与咖啡利口酒混合备用。

做法

1. 制作海绵蛋糕坯。将蛋清放入碗内，分多次少量加入盐和细砂糖，然后用电动打蛋器搅打，制作成富有光泽、浓稠的蛋白霜。然后一个一个加入蛋黄，搅拌均匀后筛入低筋面粉，用硅胶铲沿着碗底翻拌成蓬松、富有光泽的状态。
2. 将面糊倒入烤盘内，抹平。然后放入180℃的烤箱内烘烤10分钟。将蛋糕从烤盘上取下来，连同烘焙用纸一并冷却。待稍微冷却后，铺上保鲜膜。
3. 将马斯卡彭奶酪、细砂糖放入碗内，用打蛋器搅拌均匀，然后依次加入蛋黄、鲜奶油，打发至蓬松。
4. 将**2**的海绵蛋糕切小块，浸泡上咖啡液，然后酌量放入到容器内。然后依次加入**3**的奶油、浸泡过咖啡液的海绵蛋糕、奶油，最后筛上可可粉，放在冰箱内充分冷却。

说到提拉米苏就会联想到马斯卡彭奶酪和咖啡利口酒。也可以用朗姆酒或白兰地替代利口酒。如果这些材料都没有，亦可以什么都不加。

烤碗巧克力蛋糕

我喜欢把味道浓郁的巧克力蛋糕做成小份。
为了保证绵软的口感，需要用高温短时间烘烤。

材料（直径7cm浅烤碗6个）

{	点心专用巧克力（半甜）	75g
	无盐黄油	50g
	鸡蛋	2个
	细砂糖	40g
	低筋面粉	2大匙
	可可粉	1大匙
	牛奶	1大匙+1小匙
	装饰用糖粉	适量

准备工作

- 鸡蛋放置室温下回温。
- 巧克力切细碎。
- 低筋面粉、可可粉一并过筛备用。
- 烤箱预热至160℃。

做法

1 将巧克力放入耐热容器中，用微波炉或隔水加热至熔化。

2 另取一只碗放入鸡蛋和细砂糖，用打蛋器搅打至浓稠（无须打发）。然后依次加入1的巧克力、牛奶、粉类，搅拌至光滑细腻。

3 倒入容器内，放入200℃的烤箱内烘烤8～10分钟（用竹扦插入正中央，如果没有粘上面糊，即烤好），待完全冷却后，筛上糖粉。

烤碗杯子蛋糕

最普通的杯子蛋糕用船型烤碗烤制后，再装饰上鲜奶油和蓝莓，也能完成华丽变身。

材料（8.5cm×5cm椭圆形烤碗12个）

a	低筋面粉	60g
a	杏仁粉	20g
a	泡打粉	1/8小匙
{	无盐黄油	60g
	牛奶	2大匙
	糖粉	60g
	鸡蛋	2个
	装饰用鲜奶油、蓝莓、柠檬草	各适量

准备工作

- 鸡蛋放置室温下回温。
- 材料a一并过筛备用。
- 烤箱预热至160℃。

做法

1 将鸡蛋、糖粉放入碗内，用电动打蛋器高速搅打至泛白、浓稠的状态（提起打蛋器，液体呈丝带状滴落）。

2 将电动打蛋器调至低速，然后加入用微波炉加热至熔化的黄油和牛奶（温热），搅拌均匀后，筛入a，用硅胶铲大致搅拌。

3 倒入模具内，放入160℃的烤箱内烘烤18～20分钟。待完全冷却后，装饰上打发的鲜奶油、蓝莓和柠檬草。

图书在版编目（CIP）数据

享“食”光：110款咖啡店人气甜品 /（日）稻田多佳子著；唐晓艳译. -- 海口：南海出版公司，2017.12

ISBN 978-7-5442-9008-1

Ⅰ. ①享… Ⅱ. ①稻… ②唐… Ⅲ. ①甜食－制作 Ⅳ. ①TS972.134

中国版本图书馆CIP数据核字(2017)第111014号

著作权合同登记号 图字：30-2017-038

XIANG “SHI” GUANG: 110 KUAN KAFEIDIAN RENQI TIANPIN
享“食”光：110款咖啡店人气甜品

策划制作：北京书锦缘咨询有限公司（www.booklink.com.cn）
总 策 划：陈　庆
策　　划：肖文静

作　　者：［日］稻田多佳子
译　　者：唐晓艳
责任编辑：余　靖
排版设计：柯秀翠
出版发行：南海出版公司 电话：（0898）66568511（出版）（0898）65350227（发行）
社　　址：海南省海口市海秀中路51号星华大厦五楼 邮编：570206
电子信箱：nhpublishing@163.com
经　　销：新华书店
印　　刷：北京和谐彩色印刷有限公司
开　　本：889毫米×1194毫米　1/16
印　　张：8
字　　数：295千
版　　次：2017年12月第1版　　2017年12月第1次印刷
书　　号：ISBN 978-7-5442-9008-1
定　　价：58.00元